21世纪全国高职高专建筑设计专业技能型规划教材
浙江省重点教材建设项目

建筑室内空间历程

主　编　张伟孝
副主编　顾　菡　施汴彬
参　编　赵均水　楼潭杰　王　飞　顾莉莉
主　审　焦　涛

内容简介

本书根据高等职业教育特点以及高职高专建筑装饰设计专业培养目标和教学要求编写而成。并新增了知识链接、特别提示及实训课题等模块。本书共分三篇,即建筑空间概述、中国建筑室内空间发展和西方建筑室内空间发展。建筑空间概述分为建筑空间的起源与类型、中西传统建筑空间的发展特点、室内设计的风格和流派。中国建筑室内空间发展主要介绍中国从夏商到现代的室内设计风格的发展与各时期室内设计风格的特点。西方建筑室内空间发展主要介绍欧洲各国各个时期室内设计风格的特点。本书的主要目的是培养学生的室内设计创新能力和职业迁移能力。作为一名室内设计师必须要知道各种室内设计风格需要用哪些设计元素去体现,并应具有根据客户要求进行方案设计的能力。

本书可作为高职高专建筑设计、建筑装饰工程技术、室内设计、装饰艺术设计等专业的教学用书,也可作为设计人员的岗位培训教材、参考书或自学教材。

图书在版编目(CIP)数据

建筑室内空间历程/张伟孝主编. —北京:北京大学出版社,2011.8
(21世纪全国高职高专建筑设计专业技能型规划教材)
ISBN 978-7-301-19338-9

I. ①建… II. ①张… III. ①室内装饰设计—高等职业教育—教材 IV. ①TU238

中国版本图书馆 CIP 数据核字(2011)第 157871 号

书　　名:	建筑室内空间历程
著作责任者:	张伟孝　主编
策划编辑:	赖　青　杨星璐
责任编辑:	杨星璐
标准书号:	ISBN 978-7-301-19338-9/TU · 0173
出版者:	北京大学出版社
地　　址:	北京市海淀区成府路 205 号 100871
网　　址:	http://www.pup.cn　http://www.pup6.com
电　　话:	邮购部 62752015　发行部 62750672　编辑部 62750667　出版部 62754962
电子邮箱:	pup_6@163.com
印刷者:	北京虎彩文化传播有限公司
发行者:	北京大学出版社
经销者:	新华书店
	787mm×1092mm　16 开本　12.5 印张　285 千字
	2011 年 8 月第 1 版　2019 年 7 月第 2 次印刷
定　　价:	53.00 元

未经许可,不得以任何方式复制或抄袭本书之部分或全部内容。
版权所有　侵权必究　　举报电话: 010-62752024
　　　　　　　　　　　　电子邮箱: fd@pup.pku.edu.cn

前 言

本书是《21世纪全国高职高专建筑设计专业技能型规划教材》之一，也是"浙江省重点教材建设项目"之一。高职教育与本科教育存在着比较大的差异，高职教育更侧重于技能型教学。根据高职教育人才培养模式的要求，各个高职院校也都改变了原来传统的人才培养方案。随着高职教育的改革，一系列教改措施相继出台，浙政发[2006]41号文件提出实施职业教育课程改革，构建以能力为本位、以职业实践为主线、以项目课程为主体的模块化专业课程体系。建筑设计、建筑装饰工程技术、室内设计、装饰艺术设计等专业应打破老三段式的教学体系，建立以职业能力为核心的教学体系。基于这样的思考，我们深入企业一线调研，与设计人员探讨，参考了众多同行专家的论著，编写了本书。

本书的内容突出了实用性，以室内设计人员应知应会的内容为编写依据，每个章节辅以实训项目，旨在强化学生在动手的过程中对理论知识的掌握和应用。同时，内容的选择与室内设计师执业资格考试、浙江省室内设计专业技能大比武考试相结合，为学生今后参加执业资格考试及岗位考试打好基础。

本书内容可按照28~40学时安排，每个章节推荐2~4学时，教师可根据不同专业灵活安排学时，重点讲解每章主要知识模块，章节中的知识链接、实训课题和思考练习等模块可安排学生课后阅读和练习。

参加本书编写的人员有：浙江广厦建设职业技术学院张伟孝（第1章、第2章、第7章、第9章、第13章）、施汴彬（第8章）、顾菡（第10章、第11章、第12章、第14章），义乌工商职业技术学院楼潭杰（第3章、第4章），台州职业技术学院赵均水（第5章、第6章），浙江广厦建设职业技术学院王飞和顾莉莉也参与了本书的编写工作。全书由张伟孝统稿，河南建筑职业技术学院焦涛对本书进行了审读并提供了很多宝贵意见，浙江广厦建设职业技术学院装潢教研室的同仁也给予了很多的帮助，在此一并表示感谢！

本书在编写过程中，参考和引用了国内外大量文献资料，在此谨向原书作者表示衷心感谢。由于编者水平有限，书中难免存在不足之处，敬请各位读者批评指正。

编 者
2011年4月

目 录

第一篇　建筑空间概述

第1章　建筑空间的起源与类型 ... 2
- 1.1　建筑空间的起源 ... 3
- 1.2　建筑空间的类型 ... 6

第2章　中西传统建筑空间的发展特点 ... 14
- 2.1　中西传统建筑空间的发展特征 ... 15
- 2.2　中国传统建筑室内设计的基本特征 ... 16
- 2.3　西方传统建筑室内设计的基本特征 ... 21

第3章　室内设计的风格和流派 ... 26
- 3.1　室内设计的风格 ... 27
- 3.2　室内设计的流派 ... 33

第二篇　中国建筑室内空间发展

第4章　夏商周至秦汉建筑室内空间——室内设计的形成期 ... 40
- 4.1　建筑空间的发展概况 ... 41
- 4.2　建筑装饰与室内装修 ... 44
- 4.3　室内家具与陈设 ... 46

第5章　魏晋南北朝至隋唐建筑室内空间——从融合期走向成熟 ... 51
- 5.1　建筑空间的发展概况 ... 52
- 5.2　建筑装饰与室内装修 ... 55
- 5.3　室内家具 ... 57
- 5.4　室内陈设 ... 59

第6章　宋、元建筑室内空间——室内设计的成熟期 ... 63
- 6.1　建筑空间的发展概况 ... 64
- 6.2　建筑装饰与室内装修 ... 68
- 6.3　室内家具 ... 70
- 6.4　室内陈设 ... 71

第7章 明清建筑室内空间——古典室内设计的完善与终结 ... 74
- 7.1 建筑空间的发展概况 ... 75
- 7.2 建筑装饰与室内装修 ... 77
- 7.3 室内家具 ... 80
- 7.4 室内陈设 ... 82
- 7.5 彩画与壁画 ... 84

第8章 近现代建筑室内空间——西风东渐、室内设计飞速发展 ... 88
- 8.1 中国近代建筑与室内空间的发展概况 ... 89
- 8.2 室内设计教育与学术研究 ... 92
- 8.3 现代建筑与室内空间的发展概况 ... 95

第三篇 西方建筑室内空间发展

第9章 古代建筑室内空间——设计的古典风时期 ... 102
- 9.1 古代埃及、两河流域和伊朗高原的建筑 ... 103
- 9.2 欧洲"古典时代"的建筑 ... 104
- 9.3 古代埃及、希腊和罗马的室内空间 ... 106
- 9.4 古代埃及、希腊和罗马的家具与陈设 ... 113

第10章 中世纪建筑室内空间——具有浓厚的宗教色彩 ... 117
- 10.1 早期基督教、拜占庭与罗马风 ... 118
- 10.2 晚期中世纪哥特建筑 ... 122
- 10.3 哥特风格在欧洲 ... 124
- 10.4 中世纪室内空间特征 ... 126
- 10.5 中世纪室内家具及陈设 ... 128

第11章 文艺复兴建筑室内空间——人文主义思想体系的影响 ... 131
- 11.1 意大利文艺复兴建筑 ... 132
- 11.2 法国和西班牙的文艺复兴 ... 137
- 11.3 巴洛克与洛可可风格 ... 139
- 11.4 文艺复兴室内设计风格元素 ... 141
- 11.5 文艺复兴室内家具及陈设 ... 142

第12章 古典主义建筑室内空间——绝对君权古典主义 ... 145
- 12.1 法国古典主义建筑 ... 146
- 12.2 欧洲其他国家17—18世纪建筑 ... 151
- 12.3 古典主义室内空间的特点 ... 155
- 12.4 古典主义家具及陈设 ... 156

第13章 19世纪建筑室内空间——对各种设计风格的"复兴" ... 158
- 13.1 工业革命对室内设计的影响 ... 159

13.2	摄政时期样式与复古思潮	160
13.3	维多利亚风格	164
13.4	各种建造新思潮的产生	166

第14章 20世纪建筑室内空间——现代室内设计思想的兴起 173

14.1	现代主义的出现	174
14.2	现代主义的先驱	174
14.3	室内装饰师的兴起	181
14.4	20世纪的设计思潮	182
14.5	20世纪室内家具及陈设品的设计	185

参考文献 188

第一篇
建筑空间概述

第1章
建筑空间的起源与类型

知识目标

熟悉建筑空间的起源,掌握建筑空间的类型及各种类型的基本特征,并能在以后的学习中合理运用。

重难点提示

建筑空间的类型:建筑内部空间、建筑外部空间、灰空间。

第1章 建筑空间的起源与类型

【引言】 原始社会是开始产生艺术萌芽的时期，但这种艺术形式往往发自一种实用性的物质或心理需要，比如希望通过获得自然力之外的力量，或者满足一种宗教仪式中的象征性，甚至就是简单地为了可以御寒果腹、安全防卫。但正是这些基本的需要推动了整个人类文明的发展，同时，栖息地作为人类生活中不可或缺的一部分，其萌芽在原始社会时期也已初现端倪。

1.1 建筑空间的起源

建筑空间的起源可以追溯到史前时代，先民们为了生存，在与自然界作斗争的过程中，创造了史前建筑。据中外学者研究发现，在目前所知的世界上大多数地区，史前时代的建筑大都具有许多相似之处，最初都是为了生存而构筑巢居、穴居等建筑，以后都是为了集体活动而产生"大房子"建筑，进而又都是为了祭祀活动而设立祭坛、神庙、巨石建筑等。随着建筑使用目的的不同，建筑空间的性质也日益复杂化。

中国建筑可以追溯到新石器时代。最初的房屋经历了由天然遮蔽所发展到人工遮蔽所的过程。在我国许多地方已经发现原始房屋遗址的存在，其中具有代表性的房屋遗址主要有两种：一种是巢居（图1.1）；另一种是穴居（图1.2）。巢居发源于长江流域，在一棵或几棵相邻的大树上共构一巢，经历了独木橧巢—多木橧巢—桩式干阑—柱式干阑。最后演变为干阑式建筑。如河姆渡遗址（图1.3），距今约六七千年，已发掘部分长约23m、进深约8m的木构件，有柱、梁、枋、板等，许多构件上带有榫卯，有的多处榫卯，是中国已知的最早采用榫卯技术构筑的木结构房屋实例。穴居发源于黄河流域，有竖穴和半穴居，经历了穴居—半穴居—地面建筑。最终发展为木骨泥墙的地面房屋。法国学者马克·安东尼·洛吉耶(Marc-Antoine Laugier, 1713—1769年)在1755年出版的《论建筑》中，将一座"原始棚屋"（图1.4)定为所有建筑形式的起源，并认为建筑的柱、楣、山墙都起源于原始棚屋，成为所有建筑的尺度和标准。法国建筑史学家维奥莱·勒杜克(Viollet-le-Duc，1814—1879年)在1876年出版的《历代人类住屋》(The Habitations of Man in All Ages)中，

图1.1 独木橧巢—多木橧巢—桩式干阑—柱式干阑

以"第一座住屋"(图 1.5)为题,设想了先民们正在建造房屋的情况。他们先将树干的顶端捆扎在一起,然后在周围的表面上利用小的树干和树枝将它们编织起来,于是形成了一种圆形树枝棚式的房屋。

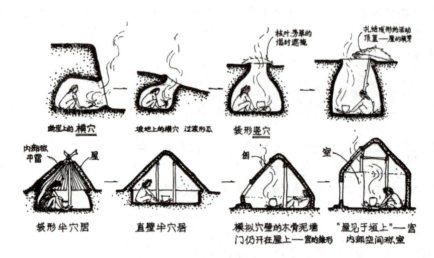

图 1.2　穴居—半穴居—地面建筑

图 1.3　浙江余姚河姆渡干阑式建筑遗址出土的构件、复原图和苇编残片

图 1.4　"原始棚屋"(《论建筑》)　　图 1.5　"第一座住屋"(《历代人类住屋》)

图 1.6 《建筑十书》（维特鲁威）

古罗马建筑师维特鲁威在《建筑十书》(图 1.6)中，对"房屋的起源及其发展"作了详细论述。当然，除了以上几种原始房屋外，还有帐篷式房屋、水上房屋、长方形房屋等。这些房屋均反映出某种共同的特征，即先民们为了躲避来自大自然的侵袭而营造建筑，虽然建筑的形式各异，但都是基于各地的气候条件、地理特征、地方材料发展起来的。

进入氏族社会后，先民们便过着以农业为主的定居生活，出现了氏族聚落。在聚落中，除了主要用于物质生活的住房之外，还出现了一些与精神生活密切相关的房屋，这些房屋的最早代表就是所谓的"大房子"。它在聚落中可能兼有集会和祭祀的功能。如中国仰韶文化时期的陕西临潼姜寨聚落遗址(图 1.7)，居民区共分为 5 组，每组都以一座大房子为核心，其他较小的房屋则环绕着中央空间与大房子作环形布置，在西安半坡村遗址、大地湾遗址的大房子中室内有 4 根柱子，中央也是一个火塘。令人惊奇的是，这种相似的情况在欧洲迈锡尼文化遗址中也有发现。在迈锡尼文化遗址建筑族群的中央，往往有一座称为"麦加仑"式的建筑，也即大房子的意思，其室内通常也有 4 根柱子，中央是一个不息的火塘。关于火塘，最初主要是出于饮食和取暖之用，久而久之，人们对待火塘的态度由实用转为崇拜，并与氏族祖先的崇拜结合一起。

到了殷商时代，有了"祀于内为祖，祀于外为社"的制度，即祭祀祖先在室内，祭祀自然神在室外，把奉祀祖先神位的房屋称为"神庙"，把奉祀自然神灵的建筑称为"祭坛"。中国最古老的神庙遗址发现于红山文化时期的辽宁建平县，它是一座有着多重空间组合的神庙。神庙的房屋是在基址上开挖成平坦的室内地面后，再用木骨泥墙的构筑方法建造壁体和屋盖的。特别引人注目的是神庙的室内已用彩画和线脚来装饰墙面，彩画是在压平后烧烤过的泥面上用赫红和白色描绘的几何图案，线脚的做法是在泥面上做成凸出的扁平线或半圆线。在内蒙古大青山一带也发现了两座祭坛遗址，两座祭坛都是沿轴线采用石块堆砌而成。不同的是，一座祭坛沿由南向北的轴线形成方坛，另一座祭坛沿由北向南的轴线形成圆坛。在其他史前文明中，同样存在着大量献给神灵的建筑，如埃及的金字塔、两河流域的山岳台、美洲古代的金字塔等。

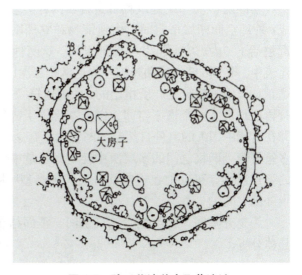

图 1.7 陕西临潼姜寨聚落遗址

在欧洲早期文化中也发现了类似的祭祀自然神的建筑遗址,如英国索尔兹伯里的"石环",据说巨石的排列和组合与太阳、月亮、星辰的移动有关,可能是用于观测太阳或星相,并进行某种与太阳崇拜等相关的祭祀活动。法国卡纳克大西洋一带,有超过 10 000 块的巨石朝海洋排列,这些巨石有的高达 70 多英尺,重达百吨,有的排列长达两英里,极为壮观,被后人称为"列石"。英国、法国、瑞典等国家均有发现的"石台",以及地中海岛国马尔他的原始神庙等 (图 1.8)。

(a)　　　　　　　　(b)　　　　　　　　(c)　　　　　　　　(d)

图 1.8 "石台"及地中海岛国马尔他的原始神庙

(a) 英国索尔兹伯里的"石环";(b) 法国卡纳克大西洋一带的"石列";
(c) 英国、法国、瑞典等国家均有发现的"石台";(d) 地中海岛国马尔他的原始神庙

从以上史前建筑的发展情况来看,由最初的居住建筑演变到后期的公共建筑,建筑的性质发生了质的变化。人们对建筑空间的追求,不再仅仅把它看做是物质生活的工具,同时也把它看成是满足精神生活的场所。由人的生活空间,发展到与神相沟通的中介空间。如中国的新石器晚期,室内装饰又有新发现,河南陶寿遗址的白灰墙面上有刻画的几何形图案,山西石楼、陕西等白灰墙面上还有用红颜料画的墙裙等。

1.2 建筑空间的类型

赛维说:"每一个建筑物都会构成两种类型的空间:内部空间,全部由建筑物本身所构成;外部空间即城市空间,由建筑物和它周围的东西所构成。"也就是说,每一座建筑物都包括了"内部空间"和"外部空间"这两种空间类型。但从空间层次上来说,中国古代建筑中,除了内部空间和外部空间这两个层次以外,还存在着一个空间层次,即"灰空间"。这正如《中国建筑史》所指出的:中国建筑"在古代茅茨土阶的条件下就用屋顶出挑的部分再次创造了一个檐下空间,以及亭廊等下部的廊下空间,形成了中国特有的空间层次,即在古代中国人的室外自然空间与室内生存之间横亘着院落空间、檐下空间、廊下空间等多重屏障,两极之间的多层次中性空间正是中国建筑群多层次的具体表现"。由建筑空间的多层次性,可以把建筑空间分为 3 种类型,即内部空间、外部空间和灰空间 (半内部、半外部空间)。

为充分阐明 3 种类型的建筑空间,下面结合中国古代建筑中的四合院 (图 1.9) 来加以具体分析。

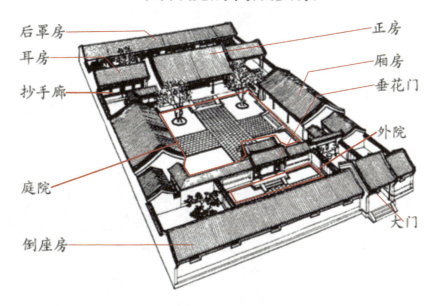

图1.9 四合院的构成要素

1. 类型之一：内部空间

从建筑构成来说，建筑空间由"地板"、"墙壁"、"天花板"所限定。因此，芦原义信认为此三者乃是"限定建筑空间的三要素"；建筑师"就是在地面、墙壁和天花板上使用各种材料去具体地创造建筑空间的"。这3种基本要素可看成是限定建筑空间的"实体"部分，而由这些实体的"内壁"围合而成的"虚空"部分，则是建筑的内部空间，如正房、厢房、倒座房、后罩房、耳房。

虚空部分是相对于实体部分而存在的，而这是有无相生的关系。当作为围合的实体被拆除时，被围合的空间也就不存在了；而当作为围合的实体建立起来时，被围合的空间的存在也就是实体的围合更具有意义。实体与空间的关系，若用现在的话来说，就是对立统一的关系。事实上，早在几千年前，老子就对这种关系进行了精辟的哲学思辨，它们是"利"与"用"的关系。而"用"是相对于内部空间的使用者——人而言的，因此对空间的讨论，最终都要落实到人的空间，人的存在空间，乃至人性化空间的这一主题上来，才更具有意义。内部空间与外部空间和灰空间相比，可以说，内部空间是与人的关系最为密切的一种建筑空间的类型。

中国古代建筑内部空间的形制如何，在一定程度上受到建筑的材料和结构的制约。以最基本的单体建筑的构成来说，它的平面是以

> **知识链接**
>
> 芦原义信(1918—2003年)是日本当代著名建筑师，曾担任日本建筑学会主席、日本建筑师协会主席。其设计代表作包括东京驹泽体育馆、索尼大厦、东京国立历史民俗博物馆、东京艺术大剧院等。《街道的美学》和《续街道的美学》集中体现了他以"外部空间设计"为中心的建筑美学思想。

"间"为单位，由间构成单体建筑，而"间"又是由相邻两榀房架所构成。单体建筑最常见的平面是由3、5、7、9等单数的开间组成的长方形（图1.10）。至于长方形平面的进深多少，往往要与房屋的屋架要用多长的梁架同时考虑，因为古代建筑的用材主要是以木材为主，使得大梁的长度受到严格限制。通过确定梁架结构，不但可以得出平面的进深，还可以得出屋顶的高度。可见，建筑内部空间的形制与梁架结构有着密切的关系。而这种梁架结构正是中国传统建筑所特有的木构架结构，它的特点是以柱、梁、檩、枋作为承重构件，墙壁不承重，只起到围合、分隔和稳定柱子的作用，故有"墙倒屋不塌"的说法。建筑的内部空间，就是来自这种木构架结构的条件下形成的，它不同于来自承重墙结构的内部空间。因此，内部空间就可以按照使用功能的要求，进行自由灵活的分隔，而不受结构的限制。

内部空间的分隔在唐代以前主要是依靠"织物"来实现，而到了宋代则主要采用"装修"（宋称"小木作"）来完成。《营造法式》中列出了6项小木作制度，共42种制品，充分说明了宋代装修的发达和成熟。如作为隔断用的"隔扇门"（宋称"格子门"）（图

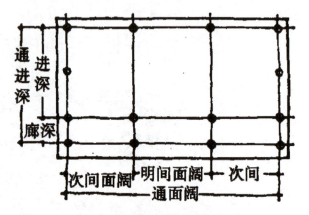

图1.10　以间为单位的建筑平面

图1.11　苏州留园的鸳鸯厅分为南北两个部分

图1.12　苏州拙政园玲珑馆内隔扇，把空间分两部分

1.11、图1.12），唐代已有，宋代广泛使用，到了明清则更为普遍。隔扇大致分为花心与裙板两部分，唐代花心常用直棂或方格，宋代又增加了球纹、古钱纹等，明清时代的纹式则更多，已不胜枚举。再如作为半隔断用的"罩"，一种是落地罩，另一种是飞罩，其形式可谓多种多样（图1.13）。隔扇门和罩虽然都有分隔内部空间的作用，但两者又有不同，前者能使内部空间既可以完全封闭也可以完全开敞，后者则能使内部空间隔而不断，似分未

分。此外，屏风、博古架等都是分隔内部空间的常用手法。在北京故宫、颐和园和苏州古典园林建筑中，都可以看到大量这方面的经典作品。

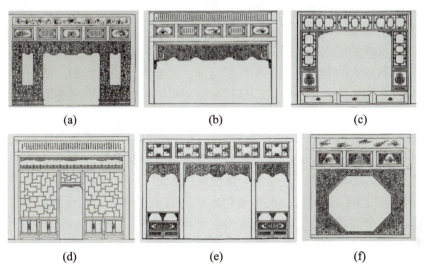

图 1.13　室内空间隔断

(a) 落地罩；(b) 几腿罩；(c) 炕罩；(d) 多宝阁；(e) 栏杆罩；(f) 圆光罩

2. 类型之二：外部空间

外部空间是相对于内部空间而言的，如果说建筑实体的"内壁"围合而成的"虚空"部分，形成了建筑的内部空间，那么建筑实体的"外壁"与周边环境共同组合而成的"虚空"部分，则形成了建筑的外部空间，如四合院里面的庭院与外院 (图 1.14)。

> **知识链接**
>
> 《营造法式》编于熙宁年间 (1068—1077 年)，成书于元符三年 (1100 年)，刊行于宋崇宁二年 (1103 年)，是李诫在两浙工匠喻皓的《木经》的基础上编成的。是北宋官方颁布的一部建筑设计、施工的规范书，这是我国古代最完整的建筑技术书籍，标志着中国古代建筑已经发展到了较高阶段。

图 1.14　宋画《文姬归汉图》中的住宅

芦原信义对外部空间的概念作了这样的定义：外部空间"是从在自然当中限定自然开始的。外部空间是从自然当中由框框所规定的空间，与无限伸展的自然是不同的。外部空间是由人创造的有目的的外部环境，是比自然更有意义的空间"。由于被"框框"所划定，框框以内的外部空间是向内集中的"向心空间"，可把它认为是"积极空间"；而框框以外的自然则是向外发散的"离心空间"，又可把它认为是"消极空间"。积极与消极是相对于人而言的，只有满足人的意图和功能的外部空间，才能称为积极空间。如今，外部空间已显示出越来越重要的地位和作用，人们从私密或半私密性的内部空间进入到公共或半公共性的外部空间，进行着广泛的社会交往，反映了人们对于户外活动的向往和需求。

既然内部空间和外部空间如此重要，那么人们如何从建筑构成的角度来区分这两种建筑空间的类型呢？芦原信义从他的建筑空间三要素出发，认为外部空间"可以说是'没有屋顶的建筑'空间。即把整个用地看做一幢建筑，有屋顶的部分作为空间是由地板、墙壁、天花板三要素所限定的；而外部空间则是由地面和墙壁这两个要素所限定的"。外部空间就是用比建筑少一个要素的二要素所创造的空间 (图 1.15)。

图 1.15　拙政园里面的庭院

在中国古代建筑中，并不是把各种使用功能都集中于一座单体建筑内来加以解决的，单体建筑只不过起到一个功能或数个功能用房的作用。当需要更多功能用房，而单体建筑又无法满足时，就会采用多座单体建筑来承载。这样，就由多座在功能上相互联系的单体建筑组合而成建筑组群。建筑组群的组合方式是以"庭院"为基本单元，组群规模不大时，可利用一个或两个庭院组合；而当建筑组群规模较大时，则需要再设置更多的庭院，于是，庭院就成了中国传统建筑组群布局的灵魂。以庭院为单位，平面铺开式的建筑组群可谓是中国传统建筑的主要特征，虽单体建筑的"体量"不大，但组群建筑的"数量"却相当大。

庭院的围合方式多种多样，既可以用院墙、回廊、房屋围合，也可以采用以上的综合方法围合而成，形成封闭的庭院空间。由于庭院空间的独特作用，使它成为内部空间的延续，在内部空间不甚发达的情况下，庭院空间就可成为有效补充。庭院空间在建筑组群的布局中，主要有两种完全不同的艺术手法：一种是沿着一条纵向的轴线，对称或不对称地布置一系列形状与大小各异的庭院和建筑，形成空间上的序列，使人们在体验了这些庭院和建筑的空间序列后，由艺术感受最终达到某种精神境界的升华，如北京故宫(图1.16)。另一种是没有轴线地自由布置庭院和建筑，由于没有轴线，在空间布局上也就显得更加自由灵活，不拘一格，如苏州古典园林。

图1.16　北京故宫鸟瞰图

3．类型之三：灰空间

根据芦原信义的建筑空间三要素，已知内部空间由地板、墙壁、天花板三要素所限定，外部空间由地板、墙壁两个要素所限定。而灰空间则可认为是由地面、天花板两个要素所限定，如四合院里面的抄手廊、回廊、园林里面的廊(图1.17、图1.18)。

"灰空间"这一概念是由日本建筑师黑川纪章提出的。"灰空间"一方面指色彩，另一方面指介于室内外的过渡空间。他在《日本的灰调子》一文中认为："作为室内与室外之间的一个插入空间，介入内与外的第三域……因有顶盖可算是内部空间，但又开敞故又是外部空间的一部分。因此，'缘侧'是典型的'灰空间'，其特点是既不割裂内外，又不独立于内外，而是内和外的一个媒介结合区域。"这里所说的"缘侧"是指日本传统建筑中的檐下空间。

图1.17　无锡寄畅园秉礼堂前回廊

图1.18　拙政园中的廊

实际上，这种檐下空间，以及廊下空间、亭下空间也大量存在于中国传统建筑中。由黑川对灰空间概念的提出和界定，我们可以看到，在建筑空间的类型上，除了内部空间和外部空间以外，还有这种介于室内外之间的灰空间，它具有半室内、半室外的空间特性。

上文从建筑构成的要素方面对内部空间与外部空间进行了区分，需要进一步指出的是，内部空间与外部空间并不是完全隔绝的，两者之间又存在着必然的联系。现代主义建筑创造了"流动性空间"的概念，意指通过墙体的穿插渗透使室内外空间相互融合。事实上，在中国、日本传统建筑中，由于灰空间的存在，通过它的中介、连接、铺垫、过渡的作用，早已打破了内部空间与外部空间的界限，使两种不同性质的空间走向融合。从现代建筑的空间概念到中日传统建筑的灰空间，都充分说明了内部空间与外部空间并非是对立的，反而证明了人们在长期的建筑实践中，不断探索着如何消解室内外空间的截然界限。

在中国古代建筑中，由于庭院式建筑的特点，"廊"也就成了建筑中不可或缺的组成部分。廊具有用于交通联系，供人休憩、游玩和欣赏的功能，其形式有前廊、回廊、游廊等（图1.19）。前廊常起着殿堂内部空间与庭院外部空间的过渡作用，也是构成建筑物造型上虚实变化的重要手段。回廊常用于围合庭院，对庭院空间的大小、形状起着限定作用，并能造成开敞、连通、闭塞等不同的空间效果。游廊多出现在园林建筑中，起着划分景区、增加景深、引导观赏路线以及造成空间变化等的作用。如北京颐和园中的"长廊"（图1.20），长达728m，共273间，把前山各组建筑联系起来，成为前山的主要交通纽带，同时也是供人休憩、游玩和欣赏的去处。长廊一个明显的特点是，梁枋上的彩画共有14 000多幅，但没有一幅是重复的。而更为重要的是，它是横亘在昆明湖与万寿山之间的一处半室内、半室外的廊空间。

图1.19　山东潍坊十笏园池西长廊　　　　　　图1.20　颐和园的长廊

总而言之，建筑空间包括了内部空间、外部空间、灰空间3种类型，这种多类型、多层次的建筑空间在中国古代建筑中表现得尤为突出。结合上文并将它们归纳起来，就可得出3种不同的建筑空间类型及其特征，即"灵活的内部空间"、"庭院式的外部空间"和"廊的半内部、半外部空间"。

本章小结

　　本章对建筑空间的起源作了一个简单的阐述，一种经过独木橧巢—多木橧巢—桩式干阑—柱式干阑形成的巢居，一种是经过穴居—半穴居—形成地面建筑。同时对建筑空间的类型也进行了介绍，建筑空间可以分为3种类型，以四合院为例，内部空间如四合院里的正房、倒座房等；外部空间如四合院的庭院；灰空间如四合院里的抄手廊等。

【实训课题】

(1) 内容及要求。

　① 运用构成知识，制作巢居的演变过程(独木橧巢—多木橧巢—桩式干阑—柱式干阑)。

　② 选择典型空间进行分析，结合图片分别写出建筑内部空间、外部空间、灰空间的特点，并制作成PPT。

(2) 训练目标：对所学知识有所掌握。

【思考练习】

(1) 谈谈你对原始建筑的认识。

(2) 中国的建筑起源经过哪几个阶段？

(3) 以四合院为例分析建筑空间的类型。

第 2 章
中西传统建筑空间的发展特点

知识目标

熟悉中西建筑内部空间的发展概况，掌握中西建筑室内空间的发展特征，并能在以后设计中灵活运用。

重难点提示

中西建筑室内空间的发展特征。

第2章 中西传统建筑空间的发展特点

【引言】 从根本上说，中西传统建筑艺术的差异首先来自于材料的不同。传统的西方建筑长期以石头为主体，而传统的东方建筑则一直是以木头为构架的。这种建筑材料的不同，为其各自的建筑艺术提供了不同的可能性。不同的建筑材料、不同的社会功用，使得中国与西方的传统建筑有了不同的"艺术语言"。不同的语言，表达着不同的思想，流露出不同的情感；不同的建筑，承载着不同的文化，体现着不同的信念。

2.1 中西传统建筑空间的发展特征

赛维说："在各种艺术中，唯有建筑能赋予空间以完全的价值。建筑能够用一个三度空间的中空部分来包围人们，不管可能从中获得何等美感，它总是唯有建筑才能提供的。"在西方，建筑不仅是遮蔽风雨的居住场所，而且是遮蔽灵魂的场所，人们从早期的崇拜高山大漠到崇拜各种自然神。建筑高大空旷并赋予神性，传统建筑中一开始就以建造各种神庙为主。而在中国，开始是崇拜祖先，后来是崇拜族长、君王、帝王等，而且在中国古代，神权从来都是依附、从属于皇权的。这就决定了中国历代建筑是人的居所，而非神的居所。

从世界文明史来看，古代曾经出现过7个主要的独立建筑体系，其中有的建筑体系已成为历史或流传不广，如古埃及、古巴亚、古印度和古代美洲建筑等，唯有欧洲建筑、伊斯兰建筑和中国建筑被认为是世界上三大建筑体系。这其中又以欧洲建筑、中国建筑延续的时间最长、地域最广、影响也最大。不过，纵观欧洲建筑和中国建筑的发展技术，它们又有着不同的发展路线，呈现出不同的发展特征。

以欧洲建筑为主体的西方建筑历史，主要呈现为一种"阶段性"的发展特征。这种发展特征正如陈志华先生指出的："欧洲作为一个整体，它的历史悠久，经历阶段最多，每一个阶段都发展得很充分，阶段性鲜明，因此它的建筑的历史内容丰富多彩，有特殊的意义。"每一个阶段都有各自的特点，如古代埃及、古代希腊、古代罗马、哥特式、巴洛克、洛可可、英国工业革命、现代主义等。

纵观中国传统建筑的历史，则主要呈现为一种"连续性"的发展特征。中国建筑是中国文化的一个典型的组成部分，始终连续相继，完整和统一地发展。所以，当我们阅读中国建筑史时不难发现，都传递一个共同的认识，即中国传统建筑经历了十分明确的连续性发展。秦汉建筑是中国建筑的形成阶段，是发展的第一个高潮；唐宋建筑是成熟阶段，是发展的第二个高潮，也是中国建筑的高峰；明清建筑则是总结阶段，是继秦汉、唐宋建筑发展之后的最后一个高潮。

西方建筑的阶段性发展与中国建筑的连续性发展，形成了中西不同的建筑历史的发展特征。这两种发展特征不仅体现在中西建筑的布局、形式、结构等层面，也体现在中西建筑的空间层面，使西方建筑空间的发展呈现出阶段性特征，中国建筑空间的发展呈现出连续性特征。

2.2 中国传统建筑室内设计的基本特征

中国传统建筑的室内设计与装修，历史悠久，经验丰富，具有独特的文化特性和人文精神，在室内设计与装修史上占有举世瞩目的地位。研究、借鉴这些历史和经验，对提高我国当今的室内设计与装修水平具有重要的意义。

室内设计与装修的形成和发展与两类因素有关：一是地理因素，包括地形、地貌、气候、资源等；二是文化因素，包括政治、经济、技术、宗教、信仰和风俗习惯等。在上述两类因素中，明显影响中国传统室内设计与装修的有三点：一是中国面积大，边缘环境相对恶劣：东为大海，西为戈壁，南有群山，北有草原。历史上，虽有汉、唐、元代的开放，但总的看来还是过于内向和闭塞。二是古代中国的经济是重农抑商的，这种制度直接影响聚落的形态以及建筑和室内的形式。三是儒家思想影响广泛，其伦理道德观念几乎渗透到了包括建筑在内的所有文化领域。上述三点中，第一点是地理环境基础，第二点是经济基础，第三点是思想基础，它们从总体上决定了中国传统建筑的室内设计与装修的大方向，加上中国传统建筑以木结构为基本体系，这就使中国传统建筑的室内设计与装修自始至终表现出浓厚的大陆色彩、农业色彩和儒家文化色彩，表现出鲜明的地方性和民族性。

室内设计涉及空间、家具、陈设、色彩、装饰等多种因素，这里仅就中国传统建筑的室内设计与装修的基本特征作一个概略的介绍和分析。

1. 内外一体性

组织空间是室内设计与装修的一项重要任务，它不仅涉及内部空间的组织，如空间的形态、大小、衔接与过渡等，还包括妥善处理内外空间的关系。而正是在这方面，中国传统为我们提供了许多有益的经验和启示。总的来说，中国传统建筑是内向的、封闭的，如城有城墙，宫有宫墙，园有园墙，院有院墙……几乎所有的建筑都通过墙体而形成一个范围界限。但从另一方面说，墙内的建筑又是开放的，即这些建筑的内部空间都以独特的方式与外部空间相联系，形成内外一体的设计理念（图2.1）。这些内外空间的联系方法、特点及功能主要体现在以下几个方面。

(1) 直通。即内部空间直接面对庭院、天井、广场或通道，中国的许多传统建筑都用隔扇门，它由多扇隔扇组成，可开、可闭、可拆卸。开启时，可以引入天然光和自然风；拆卸后，可使室内与室外连成一体，使庭院成为厅堂的延续。平时，庭院可供人们劳作和休息，遇到婚嫁、寿诞等大事，庭院便成了举行庆典的场所。

(2) 过渡。房前之廊是一个过渡的空间，它可使内外空间的变换更自然，也是人们躲雨、防晒、从事家务劳动或日常小憩的处所。

(3) 延伸。用挑台、月台的形式把厅堂延伸到室外，这些挑台、月台，或突出于庭院，或架空于水面，多面凌空更加接近大自然。在这里，人们可抬头赏月，俯身观鱼，沐和风细雨，观四时花卉。

(4) 借景。包括"近借"或"远借"，"借景"是中国造园的重要手法。"近借"多通过景窗将外侧的奇花异石引入室内；"远借"可通过适合的观景点，将远山、村野纳入眼底。

正像计成在《远冶》中所说:"轩楹高爽,窗户虚邻,纳千顷之汪洋,收四时之烂漫。"

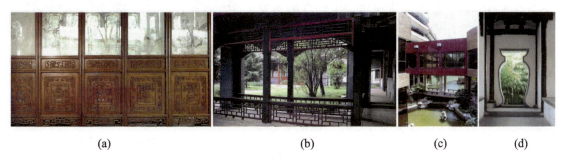

(a)　　　　　　　　　(b)　　　　　　　　(c)　　　　　(d)

图 2.1　内外一体的设计理念

(a) 隔扇门；(b) 回廊；(c) 挑台（月台）；(d) 借景

在中国传统建筑中，除宫殿、庙坛、住宅等基本类型外，还有亭、台、楼、阁、廊、榭等类型。所以，自然有功能方面的要求，但是也是出于接触自然的考虑。

中国传统建筑的上述经验，对于今天的室内设计与装修仍有重要的意义。它表明，室内设计与装修应充分重视室内室外的联系，要尽量地把外部空间、自然景观、阳光、空气引入室内，把它们作为室内设计的构成元素。

> **知识链接**
>
> 台是一种露天的，表面比较平整的、开放性的建筑物。它的上面可以没有屋宇，供人们休息、眺望、娱乐之用。也可建屋宇，使其更为高耸、壮丽，如殷纣王时的鹿台。

2. 布局灵活性

中国传统建筑以木结构为主要承重体系。建筑用梁、柱承重，墙仅起围护作用，故有"墙倒屋不塌"之说。这种结构体系，为内部空间的分隔提供了极大的灵活性。由此，中国传统建筑也就有了多种多样的空间分隔物。

中国传统建筑的平面以"间"为单位。早在汉代，已有"一堂二内"的形制。后来衍化出多间单排以及十字形、曲尺形、凹槽形等多种平面。建筑中的厅、堂、室可以是一间，也可跨几间。厅、堂、室的分隔有封闭的，有空透的，更多的则是"隔而不断"，图 2.2 为苏州怡园碧梧栖凤馆一角，恬静清幽，相互渗透，相互贯穿。传统建筑中的空间分隔物有多种形式。

(1) 隔扇。由数扇组成，上部称为格心，下部称为裙板，可以开启的叫隔扇门。是中国古代建筑最常用的门扇形式。隔扇主要由隔心、绦环板和裙板组成，当要扩大空间时，隔扇门可以拆下。

(2) 罩。罩(图 2.3)是一种比隔扇更加独特的隔断物。它灵活轻盈，具有明显的隔透功能。能构成虚划分，丰富空间层次，又能增加环境的装饰性。罩的形式多种多样。两侧落地的称为落地罩，两侧不落地的称为飞罩。这两类罩又依开口的形状和构成的方法不同而有许多种。

图 2.2　苏州怡园碧梧栖凤馆

(3)屏风。屏风(图 2.4)可以视为家具，也可以视为空间分隔物，是中国传统建筑中独有的要素。最初的屏风立在厅堂的中央，是主要家具的背景，起着统辖陈设、突出中心的作用。之后，也用其分隔空间。由于它们可以搬动，所以空间的灵活性和可变性能体现得更充分。

(4)帷幕。早在《周礼·天宫》中，就有幕人"掌帏、幕、幄、帟、绶"的记载。可见，以纺织品作为空间的分隔物已有久远的历史。纺织品颜色、图案多样，纹理、质地各不相同，易开易合，易收易放。用其分隔空间，既有灵活性，又有装饰性，具有独特的魅力。

图 2.3　罩在室内空间中的运用

传统建筑空间组织上的灵活性，可以丰富空间的层次，形成空间序列，也为人们合理使用空间和合理安排家具创造了条件。

3．陈设多样性

室内装饰要素涉及多种艺术门类，是一个包括家具、绘画、雕刻、书法、日用品、工艺品在内的"大家族"。其中书法、盆景和大量民间工艺品具有浓厚的民族特色，是其他国家少有的。

图 2.4　苏州留园五峰仙馆大理石立屏

用书法装饰室内有两个方面的意义：从内容上说，有抒发情感、陶冶情操、实行教化的意义；从形式上说，可从浓淡、轻重、缓急、虚实等方面供人欣赏，给人以启迪。常见的有悬挂字画、夹纱字画和刻屏等。

(1)牌匾。中国传统建筑有在厅、堂悬挂匾额的习惯(图 2.5)。内容有藻饰生平的，也有寓意祥瑞、修身自勉、评点境界的。北京圆明园内有一大批牌匾，如"勤政亲贤"、"刚健中正"、"养心寡欲"、"自强不息"、"疆勉学问"等牌匾，均属于规诫和自勉类。厅、堂内的牌匾是书法的载体，常常置于视线焦点。因此，不管是哪种内容的，都能起到深化主题、画龙点睛的作用，都能达到装饰美化、点染空间的效果。

(2)对联。也是中国独有的艺术(图 2.5)。其内容与牌匾相似，基本上都是标点环境、诱发联想、激励情怀的。杭州玉帛的临池茶室有一副对联："休羡巨鱼夺食；聊饮清泉洗心"。表面上写品茗观鱼，实际上表示"无争"心态，属诱发联想类。某些民宅有"奉祖先遗训，克勤克俭；教子孙两行，唯耕唯读"等对联，则有训诫的色彩。

图 2.5　上海豫园和煦堂内景

(3)盆景、奇石。传统建筑的室内还常以盆景、奇石做陈设。这是审美情趣的反映，也是中国传统文化在陈设中的一种表露。艺术具有"简约"的特征，本质上都有"小中见大"、"以少胜多"的作用。这一特征在盆景中表现得尤为突出。喜用盆景，反映了人们眷恋自然的心态。

(4) 工艺品。中国的民间工艺品数不胜数，福建的漆器(图2.6)、广西的蜡染、湖南的竹编、陕西的剪纸、潍坊的风筝、庆阳的香包等，无一不是室内环境的最佳饰物。

纵观中国传统建筑的室内陈设与装修，可以看出以下两点：一是重视陈设的作用。在一般建筑中，地面、墙面、顶棚的装修做法是比较简单的，但就是在这种装修相对简单的建筑中，人们总是想方设法用丰富的陈设和多彩的装饰美化自己的环境。陕西窑洞中的窗花，牧人帐篷中的挂毯，北方民居中的

图2.6　填漆描金群仙祝寿盒

年画等都可说明这一点。传统建筑的这一特点，对当今的室内设计与装修仍有重要的意义。二是重视陈设的品味，即重视其文化内涵和特色。上述书法、奇石、盆景等，不仅具有美化空间的作用，更有中国传统文化的内涵，是审美心理、人文精神的表露，包容着极其丰富的理想、愿望和情感。

4．构件装饰性

中国传统建筑的装修与装饰并非只做"表面文章"，其功能、技术、形象具有高度的统一性。中国古代建筑的装饰主要包括彩绘和雕饰两个方面。彩绘(图2.7)具有装饰、标志、保护、象征等多方面的作用。色彩的使用是有限制的，明清时期规定朱、黄为至尊至贵之色。彩画多出现于内外檐的梁枋、斗拱及室内天花、藻井和柱头上，清代彩画可分为三类，即和玺彩画、旋子彩画和苏式彩画。雕饰(图2.8)是中国古建筑艺术的重要组成部分，包括墙壁上的砖雕、台基石栏杆上的石雕、金银铜铁等建筑饰物。雕饰的题材内容十分丰富，有动植物花纹、人物形象、戏剧场面及历史传说故事等。

图2.7　北京故宫前朝配殿一字枋旋子彩画

斗拱是我国木结构建筑中特有的构件，本来是为了承托大的挑檐而设计的，但经过艺术加工后，又成了一个特殊的装饰物。

梁、枋等构件常用矩形断面，但转角处大都处理成圆弧状，目的是消除生硬的感觉。

柱、枋间的雀替是柱头上的"扩大部分"，起垫托梁枋、缩短跨距的作用。但其外形往往做成曲线，中间又常以彩画或雕刻作装饰。这样，它就像柱上的一对翅膀一样，有了良好的视觉效果。

博古架也叫百宝格，是陈设古董、器皿和书籍的。在一定的场合下，也能充当空间的分隔物。对于这样一种极其独特的要素，人们既考虑了陈设的需求，又考虑了美观的造型和技术上的合理性，使形式与内容达到了

图2.8　浙江诸暨边氏祠堂檐廊天花

高度的统一。

上述几例，可以充分表明，在中国传统建筑中，装修、装饰无不体现着美观、功能、技术统一的原则，只是到了清代(图2.9)斗拱才越来越烦琐，以致其中的一部分成为毫无功能意义的纯装饰。

5. 图案象征性

象征是中国传统艺术中应用颇广的一种艺术手段，

图2.9 北京故宫宁寿门斗拱彩画

按《辞海》"象征"条的解释，所谓象征就是"通过某一特定的具体形象以表现与之相似的或接近的概念、思想和情感"。就室内装饰而言，就是用直观的形象表达抽象的情感，达到因物喻志、托物寄兴、感物兴怀的目的。在中国传统建筑中，采用象征的手法有以下几种不同的形式。

(1) 形声。即利用谐音，使物与音义巧妙应和，表达吉祥、幸福的内容。如，金玉(鱼)满堂——图案为浴缸和金鱼；富贵(桂)平(瓶)安——图案为桂花和花瓶；连(莲)年有余(鱼)——图案为娃娃、莲花和鱼；喜(鹊)上眉(梅)梢——图案为喜鹊登梅；五福(蝠)捧寿——图案为五只蝙蝠和蟠桃等。

(2) 形意。即利用直观的形象表示延伸了的而并非形象本身的内容。在中国传统建筑中，有大量以梅、兰、竹、菊为题材的绘画或雕刻。古诗云："未曾出土先有节，纵凌云处也虚心"。自古以来，人们已把竹的"有节"和"空心"这一生态特征与人品的"气节"和"虚心"作了异质同构的关联。画竹是勉励人们要有"气节"和"虚心"的。上述手法在艺术创造上叫做隐喻。在中国传统建筑的室内装饰中采用这种手法者颇多。除上述梅、兰、竹、菊之外，还常用石榴、葫芦、葡萄、莲蓬寓意多子；用桃、龟、松、鹤寓意长寿；用鸳鸯、双燕、并蒂莲寓意夫妻恩爱；用牡丹寓意富贵；用龙、凤寓意吉祥等。

(3) 符号(图2.10)。符号在思维上也蕴涵着象征的意义。在室内装饰中，这类符号大多已经与现实生活中的原形相脱离，而逐渐形成了一种约定俗称、为大众理解熟悉的要素。这类符号有：方胜、方胜与宝珠、古钱、玉磬、犀角、银锭、珊瑚和如意，共称"八宝"，均有吉祥之意。方胜有双鱼相交之状，有生命不息的含意；古钱又称双钱，常与蝙蝠、寿桃等配合使用，取"福寿双全"的意义；人们总是向往万事如意，"如意头"的图案便大量用于门窗、隔扇和家具上。应该说明，用于室内装修的符号不光是这些抽象的和程式化的，也有具象的，包括狮、虎、象和各种团花等。

在中国传统建筑中，还有以"数"寓意的做法和崇尚"奇数"和"九"的习惯。根据《易》理，天与奇数为阳。"九"象征天、父和帝王，崇九就是尊"礼"。因此，传统建筑的开间、台阶、配件等每每取奇数，并以"九"或"九"的倍数为尊贵。象征手法可以激发人们的联想，使环境的意境变得更深远，更加有韵味。

图2.10 云龙纹花瓶

2.3 西方传统建筑室内设计的基本特征

以欧洲建筑为主体的西方建筑历史，主要呈现为一种"阶段性"的发展特征。由美国约翰·派尔著的《世界室内设计史》的重要著作中，我们可以看到，西方建筑及设计史经历了十分鲜明的阶段性发展：由古代到中世纪建筑，由中世纪到文艺复兴建筑，由文艺复兴到17世纪与18世纪的古典建筑，再由古典主义进而转入到19世纪以来的近代建筑，并最终进入到20世纪初叶在世界建筑史上具有广泛影响的"现代建筑运动"。但在呈现阶段性的同时也呈现了欧洲建筑较为明显的一些特点，如西方建筑的外形、色调、装饰、材料等。

1. 外观象征化

从外观上看，西方传统建筑在建造时都有一定的象征意义，如金字塔是古埃及奴隶制国王的陵寝。这些统治者在历史上称为"法老"。古代埃及人对神的虔诚信仰，使其很早就形成了一个根深蒂固的"来世观念"，认为"人生只不过是一个短暂的居留，而死后才是永久的享受"。受这种"来世观念"的影响，每一个有钱的埃及人都要忙着为自己准备坟墓，并用各种物品去装饰坟墓，以求死后获得永生。以法老或贵族而论，他会花费几年，甚至几十年的时间去建造坟墓，还命令匠人以坟墓壁画和木制模型来描绘他死后要继续从事的驾船、狩猎、欢宴活动等，使他能在死后同生前一样生活得舒适如意。

图2.11　巴黎圣母院彩色玻璃花窗

欧洲中世纪和文艺复兴以来，哥特式、古典式、巴洛克和洛可可等风格的各类建筑也是如此，都象征当时社会的现象，每一种装饰都有着一种寓意，如教堂高耸的窗户代表着神秘。拜占庭的富丽堂皇、哥特式的光、高、数的代表形式大行其道。图2.11为哥特式独特精神的巴黎圣母院的玻璃花窗，其设计反映出和谐、均衡和秩序。其连绵相接的巨大彩色玻璃窗把墙壁的厚重感打破，产生轻盈开放的感觉。

2. 界面图案化

图2.12　枫丹白露宫室内装饰

公元前古埃及贵族宅邸的遗址中，抹灰墙上绘有彩色竖直条纹，地上铺有草编织物，配有各类家具和生活用品。古埃及卡纳克的阿蒙神庙，庙前雕塑及庙内石柱的装饰纹样均极为精美，神庙大柱厅内硕大的石柱群和极为压抑的厅内空间，正是符合古埃及神庙所需的森严神秘的室内氛围，是神庙的精神功能所需要的。

西方室内设计过分强调与夸张天、地、墙的改造与装饰的重要性(图2.12)。很多情况下，对于天、地、墙的装修会花费掉整个家居计划中的绝大部分，而其中很多部分装修出来的效果带有十分明显的、过分的张扬欲及表现欲，似乎很少有人意识到房子是给自己用的。

3. 柱子古典化

西方古典柱式的范畴大体包括古希腊三柱式和古罗马五柱式，其中以爱奥尼柱式在古典时期运用最为广泛、最具代表性，可称为西方古典柱式的典型范例。西方古典柱式由檐部、柱子和基座三部分组成，是欧式建筑及欧式设计风格的典型象征。

(1) 装饰。柱头(图2.13)极富装饰性，涡卷成为象征柱式的典型构件。古罗马时，由于大部分公共建筑利用承重墙承重，古希腊时期柱式作为结构的作用淡化了，柱式更多地表达为装饰含义，强调装饰的华丽程度，因此柱头的形态就成了装饰程度优劣的关键因素。

图 2.13　罗马柱头装饰

(2) 比例。柱身横断面有24道凹槽，柱身细长比一般定为1/9。但根据不同类型的神庙，细长比也会发生变化，据《建筑十书》的记载：在立柱式神庙中，柱子要做成其粗细为高度的1/8，宽柱式中为1/8.5，窄柱式中为1/9，在密柱式中定为1/10。根据不同类型的神庙，细长比也相应会发生改变。这样规定的原因是要求柱式保持一定的比例协调，使神庙在视觉上不至失衡。

(3) 材料。古典时期柱式的柱头、柱身、柱基材料皆为石材。虽然最初也曾尝试木制，但人们对于建筑耐久性提出更高的要求并且伴随着石材加工技术的发展，使得最终石材淘汰了木材，成为主要的建筑材料。

(4) 工艺。柱基的高度为柱径的1/3，除去基座，剩下的部分再分为四部分，圆凸线、平凹线和圆凹线三者交替堆叠，形成几道凹凸相间的圆盘。对于柱基的出挑长度也作了相应规定，柱基的出挑距离一般为柱径的1/4，柱身刻有24道凹槽，数量较多，其间的棱线通常被磨为弧面，而非尖锐的棱角，整体上看，这些棱线使得柱身轻盈挺拔，不显单调之感。

4. 穹顶拱券化

穹顶是一种圆形的拱顶，它呈半球形或比半球小一点，一座穹顶只能覆盖一个圆形空间，并要求沿它周边进行支撑。拱券是一种建筑结构，简称拱，或券，又称券洞、法圈、法券。它除了竖向荷重时具有良好的承重特性外，还起着装饰美化的作用。其外形为圆弧状，由于各种建筑类型的不同，拱券的形式略有变化。半圆形的拱券为古罗马建筑的重要特征，尖形拱券则为哥特式建筑的明显特征，而伊斯兰建筑的拱券则有尖形、马蹄形、弓形、三叶形、复叶形和钟乳形等多种。

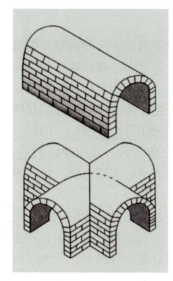

图 2.14 拱券结构

把拱形(图 2.14)结构广泛用于建筑却是古罗马的专利。古罗马发明了拱券结构，拓展和丰富了建筑的内部空间，继承和发展了古希腊的柱式，与拱券结合，创造出了前所未有的大跨度空间，其鼎盛的标志是 2000 多年前的万神庙。哥特式建筑则改变了古罗马沉重的半圆形拱券门及穹顶等，代之以线条明快的尖拱券门窗，挺拔高耸的尖塔、尖券、扶壁，使建筑整体显出一种强劲的向上升腾的动势，象征着宗教的崇高、神秘与永恒。哥特式建筑风格于 11 世纪下半叶起源于法国，13～15 世纪流行于欧洲。穹顶与拱券现在已是区别东方与西方建筑或装饰的典型标志之一。

5. 比例理性化

西方建筑以巨大的体量和超然的尺度来强调建筑艺术的永恒与崇高。它们具有严密的几何性，常常以带有外张感的穹隆和尖塔来渲染房屋的垂直力度，形成傲然屹立，与自然对立的外观特征。古代埃及建筑文化的代表——金字塔与神庙，便突出表现了这一特点。金字塔是埃及法老或贵族的陵墓，以最简明有力的几何形式，集中表现出一种与世长存的永恒主题。金字塔以其巨大、单纯、简洁、稳定的造型，在广阔、原始、浑朴的大漠中，表现了一种超自然的纯阳刚之美，而产生了强烈的纪念性——神圣、永恒、庄严、崇高。希腊雅典卫城帕提农神庙的柱廊，起到室内外空间过渡的作用，精心推敲尺度、比例和石材性能的合理运用，形成了梁、柱、枋的构成体系和具有个性的各类柱式。古罗马庞贝城的遗址中，从贵族宅邸室内墙面的壁饰，铺地的大理石地面，以及家具、灯饰等加工制作的精细程度来看，当时的室内装饰已相当成熟。罗马万神庙室内高旷的、具有公众聚会特征的拱形空间，是当今公共建筑内中庭设置最早的原型。

图 2.15 为意大利罗马四喷泉圣卡罗教堂，波罗米尼设计，修道院教堂内部包含复杂的空间关系，柱子的比例与尺度都非常合理，被公认为是巴洛克设计的杰出典范。各个时期的教堂建筑也一样都体现出了教皇统治下宗教的神秘性。

图 2.15 罗马四喷泉圣卡罗教堂

6. 色彩等级化

在古希腊的建筑群中，几乎到处都能看到艳丽的色彩。从现存遗留下来的大理石顶部残物色迹推测，那里有最早的红、黄、蓝、绿、紫、褐、黑和金等色彩，神庙檐口和山花及柱头上不但有精美的雕刻，也有艳丽的色彩，如陶立克式柱头上涂有蓝与红色。爱奥尼式建筑除蓝与红外，还用金色。科林式则对金的使用较盛行。帕提农神庙(陶立克式)在纯白的柱石群雕上配有红、蓝原色的连续图案，还雕有金色银色花圈图样，色彩十分鲜艳。希腊色彩是他们宗教观的反映，使用色彩已具有象征意义。红色象征火，青色象征大地，绿色象征水，紫色象征空气。通过色彩表现他们的宗教信仰。他们多运用红色为底色，黑色为图案或相反使用。这种对比产生一种华贵感。

欧洲为了装饰宏大的公共建筑和华丽的宅邸、别墅等，各种装饰手段都予以运用。室内喜用华丽耀眼的色彩，红、黑、绿、黄、金等，墙上有壁画，色彩运用十分亮丽，还通过色彩在墙面上模仿大理石效果，并在上面以细致的手法绘制窗口及户外风景，常常以假乱真。艳丽奢华的装饰风格影响整个欧洲。图 2.16 为文艺复兴时期英格兰·威尔特郡·威尔顿府邸。

西方室内设计涉及范围广，内容丰富多彩。古代埃及、古希腊、古罗马、欧洲中世纪、欧洲文艺复兴时期、巴洛克与洛可可时期、19 世纪时期都产生了不少的精美作品，其影响力很大。20 世纪初期，现代主义运动兴起，室内设计也受到了现代主义思潮的影响，并从单纯的装饰束缚中解脱出来，与此同时，大规模的改造工程，进一步推动了室内设计的发展，促成了室内设计的相对独立。

图 2.16　英格兰·威尔特郡·威尔顿府邸

本 章 小 结

本章主要对中西建筑室内空间的特点进行了一个简单的阐述,中国历代的室内空间设计呈现的是一种连续性的发展特征,而西方室内空间呈现的是阶段性的发展特征,本章也提炼了几个非常典型的特征,仅供参考。

【实训课题】

(1) 内容及要求。

对中国传统建筑与西方传统建筑同一时期的代表作品进行对比,从中找出两者的异同点,并制作出表格,写出区别。

(2) 训练目标:对所学知识有所掌握。

【思考练习】

(1) 中国传统建筑室内空间的发展特点。

(2) 西方建筑室内空间的发展特点。

第 3 章
室内设计的风格和流派

知识目标

熟悉室内设计风格与流派的形成,掌握室内设计的风格与流派及在室内设计中的运用。

重难点提示

室内设计的风格;室内设计的流派。

第3章 室内设计的风格和流派

【引言】"风格"是指设计作品所表现出的思想、情感、意趣,作品在审美表达等方面能打动人的基本特征,以及作品所反映的品质、格调、风度,体现了创作中的艺术特色和个性。

"流派"指按学术、艺术观点聚合的人群派别聚合成流派。在多元文化的社会背景及较宽松的学术气氛下,有利于流派的产生。

室内设计的风格属于室内环境中的艺术造型和精神功能范畴。它往往表达了3个方面的含义。

一是指设计者从事设计时所惯用的一种不同于他人的特殊手法,从而形成了他自己系列设计中的独特风格。

二是指这个建筑物及室内设计具有它所处的时代和文化历史的形成,地域部分群体建筑物所共有的一种典型的、特殊的艺术形式,从而也具有形成那个时代建筑群体所共有的一种可认识的特殊的风格。

三是指这座建筑物及室内设计具有它所处的时代受到某种建筑材料的制约或影响而形成的一种共有的可认识的特殊风格。

风格既然从这三方面表现出来,可以说风格的形成与这三方面因素有着密切的关系,即设计师本人的才华和技能;所在时代社会经济、文化形成的历史、地域条件的影响;建筑材料的制约。

室内设计风格名称的产生有很多种参照物,叫法及解释也不统一,它们随着人类历史的演进不断地产生、发展、变化着,带有不同时代的印记,透视出人类文化发展的脉络。

3.1 室内设计的风格

1. 传统风格

传统风格的室内设计,主要体现在室内布置线形、色调,以及家具、陈设的造型等方面,吸取、采用了传统装饰语言中的"形"、"神"特征。例如吸取我国传统木构架建筑室内的藻井天棚、挂落、雀替的构成和装饰,明、清家具造型和款式特征。又如西方传统风格中仿罗马风、哥特式、文艺复兴式、巴洛克、洛可可、古典主义等,其中如仿欧洲英国维多利亚或法国路易式的室内装潢和家具款式。此外,还有日本传统风格、印度传统风格、伊斯兰传统风格、北非城堡风格等。传统风格常给人们以历史延续和地域文脉的感受,它使室内环境突出了民族文化渊源的形象特征。

(1) 西方传统风格。泛指模仿欧洲古典样式和风格流派,基本包括古罗马式、哥特式、文艺复兴式、巴洛克式、洛可可式、古典主义式等。欧洲古典建筑内部空间较高大,往往以壁炉为中心来布置家具,室内装饰造型严谨,天花、墙面与绘画、雕塑、镜子等相结合,室内装饰品的配置也十分讲究,很注意艺术品的陈设,室内还常常采用烛形水晶玻璃组合吊灯及壁灯、壁饰等,如图3.1、图3.2所示。

图 3.1　西方传统风格之古典主义风格与巴洛克风格

图 3.2　西方传统风格之简欧风格与洛可可风格

知识链接

壁炉，如图 3.3 所示。英文名：fireplace。在室内靠墙砌的生火取暖的设备，内部上通烟囱。壁炉原本用于西方国家，有装饰作用和实用价值。壁炉基本结构包括：壁炉架和壁炉芯。壁炉架起到装饰作用。壁炉芯起到实用作用。壁炉架，根据材质不同分类为：大理石壁炉架、木制壁炉架、仿大理石壁炉架（树脂）、堆砌壁炉架。壁炉芯，根据燃料不同分类为：电壁炉、真火壁炉（燃碳、燃木）、燃气壁炉（天然气）。

(2) 中国传统风格。中国建筑一直是以木质的梁架结构传承下来的。这种梁架结构沿袭了上千年，瓦覆盖于人字形的宽大的屋顶上，屋檐上翘，由出挑的斗拱支撑，室内的藻井天棚、斗拱、木梁等装饰的双重作用成为室内艺术形象的一部分。室内设计风格受到木结构的限制，形成了一种以木质装修和油漆彩画为主要特点的华丽、祥和、宁静的独特风格。室内的家具、陈设艺术均作为一个整体来处理。室内除固定的隔断和隔扇外，还使用可移动的屏风、半开敞的罩、博古架等与家具相结合，对于组织空间起到增加层次和深度的作用，如图 3.4、图 3.5 所示。

图 3.3　西方传统风格普遍采用的壁炉

图 3.4 ｜ 图 3.5

图 3.4　北京友谊宾馆总统间客厅
图 3.5　中国大饭店"夏宫"入口

(3) 和式传统风格。即日本传统风格，日本传统建筑受到中国建筑的强烈影响，所以，日本的传统建筑风格以木结构为基础，简洁的亭式结构骨架由柱和梁组成，下部由台基支撑，非承重由泥灰和带推拉门的木结构构成，门和窗均采用轻质材料。室内空间造型简洁朴实，悬挂灯笼或木方格灯罩的灯具，室内以细木工障子做推拉门来分隔空间。因为是席地而坐，所以人们进入室内需脱屐，没有太多家具陈设，只是在铺榻榻米的地面上放置矮茶几和蒲团，夜间移开茶几即可用做睡床。装饰台、墙上装饰画和陈设插花均有定式，室内气氛淡雅、朴素、舒适。这种风格具有它独特的内涵和朴实纯洁的特点，给人豁亮、开阔的纯情感受，如图 3.6、图 3.7 所示。

(4) 伊斯兰传统风格。伊斯兰建筑风格受到希腊和罗马建筑的影响很大，普遍使用拱券的样式，富有装饰性，而且是多种多样的，有双圆心尖券、马蹄形券、火焰式券和花瓣形券等，是伊斯兰建筑的一大特征。室内使用石膏做大面积的浮雕、涂绘装饰，以深蓝、浅蓝两色为主。室内多用华丽的壁毯和地毯装饰。色彩跳跃、对比、华丽，其表面装饰突出粉画，彩色玻璃面砖镶嵌，门窗用雕花、透雕的板材作栏板，还常用石膏浮雕作装饰。在室内使用大面积的表面图案装饰是伊斯兰建筑的第二个特征。伊斯兰图案风格多以花卉为主，曲线匀整、结合几何图案，如图 3.8 所示，其内多点缀《古兰经》中经文，装饰图案以其形、色的纤丽为特征，以蔷薇、风信子、郁金香、菖蒲等植物为题材，具有艳丽、舒展、悠闲的效果。室内砖工艺的石钟乳体是伊斯兰风格最具特色的手法。

图 3.6　和式传统风格卫生间空间

图 3.7　和式传统风格卧室空间

图 3.8　伊斯兰传统风格

2．现代风格

现代风格起源于 1919 年成立的包豪斯学院，该学院成立时所处的历史背景，强调突破旧传统，创造新建筑，重视功能和空间的组织，一切皆以实用为装饰出发点，注意发挥结构本身的形式美，造型简洁，没有多余的装饰附件，崇尚合理的构成工艺，尊重材料的性能，研究材料自身的质地和色彩的配置效果，发展了非传统的以功能布局为依据的不对称的构图手法，如包豪斯创始人格罗皮乌斯创立的包豪斯学派室内设计风格，他们的室内设计作品带着包豪斯建筑的朴实无华、简洁明快的清新风格，如图 3.9 所示。

图 3.9　现代风格

3．后现代风格

后现代风格一词最早出现在西班牙作家德·奥尼斯 1934 年的《西班牙与西班牙语类诗选》一书中，用来描述现代主义内部发生的逆动，特别有一种现代主义纯理性的逆反心理，即为后现代风格。20 世纪 50 年代美国在所谓现代主义衰落的情况下，也逐渐形成后现代主义的文化思潮。受 20 世纪 60 年代兴起的大众艺术的影响，后现代风格是对现代风格中纯理性主义倾向的批判，后现代风格强调建筑室内装潢应具有历史的延续性，但又不拘泥于传统的逻辑思维方式，探索创新造型手法，讲究人情味，常在室内设置夸张、变形的柱式和断裂的拱券，或把古典构件的抽象形式以新的手法组合在一起，即采用非传统的混合、叠加、错位、裂变等手法和象征、隐喻等手段，来创造一种融感性与理性、集传统与现代、糅大众与行家于一体的即"亦此亦彼"的建筑形象与室内环境，如图 3.10 所示。在室内大胆运用图案装饰和色彩，在室内设置的家具、陈设艺术品往往被突出其象征隐喻意义，它是现代主义适应时代发展而进一步革新的潮流。后现代风格的代表人物有 P·约翰逊、R·文丘里、M·格雷夫斯等。后现代主义风格代表作有澳大利亚悉尼歌剧院、巴黎蓬皮杜艺术与文化中心、摩尔的新奥尔良意大利广场等。

图 3.10　后现代风格

4. 自然风格

有史以来，人类就一直不断地在造物，为生命的生存，为生活制造着人工化的第二自然。人们在利用自然的同时也在改造自然，又建造着另一个不同的"自然界"。在第二自然中，现代人们的生活已经开始了背叛。自然风格就是人类最自豪地向人工自然挑战的宣言书。图3.11为杭州大清村三亩田乡村会所。

图 3.11　自然风格——杭州大清村三亩田乡村会所

自然风格倡导"回归自然"，美学上推崇自然、结合自然，才能在当今高科技、高节奏的社会生活中，使人们能取得生理和心理的平衡，因此室内多用木料、织物、石材等天然材料，显示材料的纹理，清新淡雅。如美籍华人贝聿铭设计的美国国家美术馆东厢艺廊，贝聿铭将自然当中的绿树搬进了室内，这些树不是在美术馆建成后移入的，而是在建馆之初就已经在大厅里。

图 3.12　流水别墅室内空间

所以自然风格赋予室内设计以自然的生命。因此在设计空间中，应采用天然的木料、石材等进行装饰，以其自然的纹理和清新淡雅的气质而广受欢迎，图3.12为流水别墅内部空间。

综上原因，在室内设计界，便形成了自然、田园的艺术形式，田园风格在室内环境中力求在设计中表现优雅、舒适、自然的田园生活情趣。运用天然木、石、藤、竹等材质的纹理，设置室内绿化，创造自然、简朴、高雅的生活氛围，如图3.13所示。所以，也可把田园风格归入自然风格一类。

此外，20世纪70年代出现了一类反对千篇一律的国际风格的流派，如砖墙瓦顶的英国希灵顿市政中心以及耶鲁大学教员俱乐部，室内采用木板和清水砖砌墙壁，建筑传统地方门窗造型及坡屋顶等，这种风格被称为"乡土风格"或"地方风格"，也称"灰色派"。

图 3.13　广州白天鹅宾馆中庭

5．混合型风格

近年来，建筑设计和室内设计在总体上呈现多元化，兼容并蓄的状况。室内布置中也有既趋于现代实用，又吸取传统特征，在装潢与陈设中融古今中西于一体，例如传统的屏风、摆设和茶几，配以现代风格的墙面及门窗装修；新型的沙发、欧式古典的琉璃灯具和壁面装饰、配以东方传统的家具和埃及的陈设、小品等，如图3.14所示。混合型风格虽然在设计中不拘一格，运用多种体例，但在设计中仍然是匠心独具，深入推敲形体、色彩、材质等方面的总体构图和视觉效果。

图 3.14　中西混合型风格

3.2　室内设计的流派

流派，这里是指室内设计的艺术派别。流派将带动潮流的发展，它如能在历史的考验中积淀下来，就可能成为经典风格样式。近现代室内设计流派作为近现代文化、意识的反映，以其表现形式、表现手法的丰富多彩为基础，现将主要流派归纳为高技派、光亮派、白色派、新洛可可派、超现实派、解构主义派以及装饰艺术派等。

1．高技派

高技派或称重技派，是活跃于20世纪50年代末至70年代的设计流派。它以表现高科技成就与美学精神为依托，主张注重技术、展示现代科技之美，建立与高科技相应的设计美学观。由此，形成了所谓的"高科技风格"的设计流派。高技派的设计特征喜爱采用最新的材料（如高强钢、硬铝或铝合金），并以暴露、夸张的手法塑造建筑结构的造型，有时将本应包容的内部结构有意识地裸露、外翻；有时将金属材料的质地表现得淋漓尽致；有时将复杂的结构涂赋鲜艳的原色用以表现和区别，赋予整体空间形象以轻盈、快速、灵活等特点，以表现高科技时代的"机械美"、"时代美"、"精神美"等新的美学精神，图3.15为中国银行总行大厦。因此具有"粗野主义"的倾向。高技派的经典之作以英国设计罗杰斯设计的巴黎蓬皮杜文化中心和由著名设计师福斯设计的香港汇丰银行大厦最具代表性。这些作品，都使用新型的高科技材料，表现出高度简洁、结构化、现代科技化的设计特征，有强烈的时代风格，展现出一种现代技术之美。

2. 光亮派

光亮派也称银色派，室内设计中夸耀新型材料及现代加工工艺的精密细致及光亮效果，往往在室内大量采用镜面及平面曲面玻璃、不锈钢、磨光的花岗石和大理石等作为装饰面。在室内环境的照明方面，突出灯光的艺术效果，常使用折射、反射等各类新型光源和灯具，在金属和镜面材料的烘托下，营造出光彩照人、绚丽夺目、移步换景、交相辉映的空间环境，如图3.16所示，表现出丰富、夸张、富于戏剧性变化的室内气氛。

图3.15 中国银行总行大厦营业厅主入口　　图3.16 南京桥梁展览馆的南京二桥展示厅

3. 白色派

在室内设计中大量运用白色构成了这种流派的基调，故名白色派。室内造型设计可简洁，也可富于变化。近代以来许多室内设计采用白色色调，再配以装饰和纹样，例如美国建筑师R·迈耶设计的史密斯住宅及室内即属此例。R·迈耶白色派的室内，并不仅仅停留在简化装饰、选用白色等表面处理上，而是具有更为深层的构思内涵，设计师在室内环境设计时，是综合考虑了室内活动着的人以及透过门窗可见的变化着的室外景物，由此，从某种意义上讲，室内环境只是一种活动场所的"背景"，从而在装饰造型和用色上不做过多渲染。白色派的主要特点有：空间和光线是白色派室内设计的重要因素，往往予以强调；室内装修选材时，墙面和顶棚一般均为白色材料，或者在白色中带有隐隐约约的色彩倾向；运用白色材料时往往暴露材料的肌理效果。如突出白色云石的自然纹理和片石的自然凹凸，以取得生动效果；地面色彩不受白色的限制，往往采用淡雅的自然材质地面覆盖物，也常使用浅色调地毯或灰地毯。也有使用一块色彩丰富，几何图形的装饰地毯来分隔大面积的地板；陈设简洁、精美的现代艺术品、工艺品或民间艺术品，图3.17为白色派餐厅设计。绿化配置也十分重要。家具、陈设艺术品、日用品可以采用鲜艳色彩，形成室内色彩的重点。

第3章 室内设计的风格和流派

4. 风格派

风格派起始于20世纪20年代的荷兰,以画家P·蒙德里安等为代表的艺术流派,强调"纯造型的表现","要从传统及个性崇拜的约束下解放艺术"。他们对室内装饰和家具经常采用几何形体以及红、黄、蓝三原色,或以黑、灰、白等色彩相配置。在色彩及造型方面都具有极为鲜明的特征与个性。建筑与室内常以几何方块为基础,对建筑室内外空间采用内部空间与外部空间穿插统一构成为一体的手法,并以屋顶、墙面的凹凸和强烈的色彩对块体进行强调,如图3.18所示。风格派作品的特征:把传统的建筑、家具和产品设计、绘画、雕塑的特征完全剥除,变成最基本的几何结构单体,或者称为元素;把这些几何结构单体进行结构组合,形成简单的结构组合,但在新的结构组合当中,单体依然保持相对独立性和鲜明的可视性;对于非对称性的深入研究与运用;非常特别地反复应用横纵几何结构和基本原色和中性色。

图3.17 白色派餐厅的设计

图3.18 风格派作品——某设计公司

5. 新洛可可派

洛可可原为18世纪盛行于欧洲宫廷的一种建筑装饰风格,以精细轻巧和繁复的雕饰为特征,新洛可可继承了洛可可繁复的装饰特点,但装饰造型的"载体"和加工技术却运用现代新型装饰材料和现代工艺手段,从而具有华丽而略显浪漫、传统中仍不失有时代气息的装饰氛围,如图3.19所示。

6. 超现实主义派

超现实主义派是指人们在室内设计中追求并体现超现实的艺术再现。通过调动所有的设计手段,力求在有限的设计空间中创造出所谓的"无限空间",创造出"世界上不存在的世界"。体现出设计师在现实与理想的矛盾冲突中,使虚幻空间的形式成为寄托自身困惑的载体。在超现实主义设计的室内空间中,注重奇特的造型、浓重的色彩和变幻莫测的灯光效果;空出其流动的线条以及抽象的装饰图案的艺术效果;更以其大胆、猎奇的艺术手法,创造出意想不到的空间效果,如在室内设计中,经常采用现代派的绘画、雕塑或兽皮等作为饰品来渲染室内的空间氛围。超现实主义的室内设计,以其大胆、奇特的艺术造型走入了人们的现实生活。伴随多元化艺术的发展,必将

图3.19 卧室一角

35

为人类未来的室内空间活动创造出新的生活环境。如图3.20所示。

7. 解构主义派

解构主义是西方现代主义流派的批判继承,运用西方哲学的理念来分析,它是对逻辑上的否定,对统一、秩序的挑战。正如其代表人物埃森曼所说:"解构的基本概念在于不相信先验的真理,不相信形而上学的起源。"解构主义凭借其巨大的抨击力和启发性席卷西方文化界的各个领域,当然还闯入了室内设计界的创作中。现今,人们在室内设计的不断创新与涉猎中,解构主义运用散乱、残缺、突变、动势、奇绝等各种手段创造室内空间形态,对传统功能与形式的对立统一关系转向两者叠加、交叉和并列,用分解和组合的形式表现时间的非延续性,以此迎合人们渴望新、奇、特等刺激的口味,同时满足人们日益高涨的对个性、自由的追求,客观地讲,解构主义无非是一种流派。它同样反映了20世纪设计者内心的矛盾与无奈,但它更表现为忽视理性,完全作为精神的追求,其必然要以经济为后盾,必须有丰裕的财力、物力和独特的审美素养才能从事"解构创作",如图3.21所示。

图3.20　广州长隆酒店大堂雕塑

图3.21　首都国际机场新航站大厅

8. 装饰艺术派

装饰艺术派或称艺术装饰派,起源于20世纪20年代法国巴黎召开的一次装饰艺术与现代工业国际博览会,后传至美国等各地,如美国早期兴建的一些摩天大楼即采用这一流派的手法。装饰艺术派善于运用多层次的几何线型及图案,重点装饰于建筑内外的门窗线脚、檐口及建筑腰线、顶角线等部位。上海早年建造的老锦江宾馆及和平饭店等建筑的内外装饰,均为装饰艺术派的手法。近年来一些宾馆和大型商场的室内,出于既具时代气息,又有建筑文化内涵的考虑,常在现代风格的基础上,在建筑细部装饰艺术派的图案和纹样。

当前社会是从工业社会逐渐向后工业社会或信息社会过渡的时候,人们对自身周围环境的需要除了能满足使用要求、物质功能之外,更注重对环境氛围、文化内涵、艺术质量等精神功能的需求。室内设计不同于艺术风格和流派的产生、发展和变换,既是建筑艺术历史文脉的延续和发展,具有深刻的社会发展历史和文化的内涵,同时也必将极大地丰富人们与之朝夕相处活动于其间的精神生活,如图3.22所示。

当然,在历史的发展中,伴随着文化、艺术及设计观念的不断深入,各种流派层出不穷。如新地方主义派强调地方特色或民俗风格;新古典主义派注重运用传统美学法则来使现代材料与结构的建筑造型和室内空间产生规整、端庄、典雅、高贵气质的环境;孟菲斯派则以打破常规而风及一时；东方情调派中，强调"天人合一"，朴素、古雅的中国风、东方情也在设计中占有一席之地。其他流派的表现形式众多，不再一一详述。

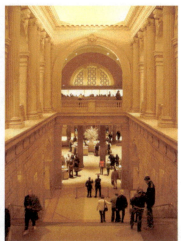

图 3.22　装饰艺术派案例

本 章 小 结

本章主要对中西室内设计的风格和流派进行了阐述，室内设计风格主要包括传统风格、现代风格、后现代风格和自然风格，其中传统风格又包括西方传统风格、中国传统风格、和式传统风格、伊斯兰传统风格。室内设计的流派很多，本章只列了比较典型的几种作为参考。

本章的教学目标是使学生掌握中西室内设计的各种风格与流派。

【实训课题】

(1) 内容及要求。

① 运用业余时间上网下载室内设计的风格与流派制作成 PPT，在课堂中进行交流。

② 绘制中、西室内设计风格作品。要求运用麦克笔、彩色铅笔或其他工具等手绘室内效果图两张 (8K纸)。

(2) 训练目标：对设计元素有所掌握。

【思考练习】

(1) 谈谈你对室内装饰风格的认识。

(2) 室内设计风格有哪几类？

(3) 室内设计风格与流派的区别在哪里？

第二篇
中国建筑室内空间发展

第 4 章
夏商周至秦汉建筑室内空间
——室内设计的形成期

知识目标

熟悉夏商周至秦汉时期建筑的发展概况,掌握夏商周至秦汉时期室内装饰装修上的特点及家具与陈设在室内设计中的运用。

重难点提示

夏商周至秦汉时期室内装饰装修上的特点;夏商周至秦汉家具的区别;室内陈设的运用。

第4章 夏商周至秦汉建筑室内空间

【引言】公元前21世纪开始,禹的儿子启破坏了民主推选的禅让惯例,自袭王位,建立了中国历史上第一个奴隶制国家——夏朝。公元前221年,秦王嬴政横扫六国,建立了中国历史上第一个真正实现统一的国家——秦朝,秦汉400余年是我国建筑茁壮成长并逐渐走向成熟的时期,也是中国建筑发展史上的第一个高峰期。

4.1 建筑空间的发展概况

中国古代建筑具有特殊的风格和卓越的成就,在世界建筑史上占有重要的地位。早在商周时期就有了砖瓦的烧制,到了秦汉时代,有纹饰的瓦当和栏杆出现,青龙、白虎、朱雀、玄武和吉祥安乐等瓦当与带龙首兽头的栏杆,在图案的造型和抽象的含意上,有其独到的艺术风格。室内设计与建筑装饰紧密地联系在一起,自古以来建筑装饰纹样的运用,也正说明人们对生活环境、精神功能方面的需求。

> **知识链接**
>
> 原始社会至汉代,中国木结构建筑技术已日渐完善,人们掌握了夯土技术,烧制了砖瓦,建造了石建筑。

1. 先秦时期

先秦以前基本上都是以宫殿建筑居多,现在基本不存在了,只能在一些遗址、资料中得到这时期的建筑形式。

(1) 夏的代表建筑。河南偃师二里头宫殿建筑,殿庭院呈缺角横长方形,东西108米、南北100米,东北部折进一角。在整个庭院范围用夯土筑成高出于原地表0.4~0.8米的平整台面,可见在湿陷性黄土地上建大屋而不致沉陷,此时建筑上已大量应用夯土技术。庭院北部正中为一座略高起的长方形台基,东西长30.4米,南北宽11.4米,四周有檐柱洞,面阔八间、进深三间的大型殿堂建筑,殿顶应是最为尊贵的重檐庑殿顶。殿前是平坦的庭院,院南沿正中有面阔七间的大门一座,在东北部折进的东廊中间又有门址一处,围绕殿堂和庭院的四周是廊庑建筑(图4.1)。

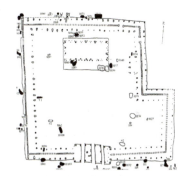
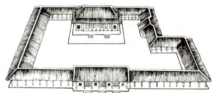

图4.1 二里头宫殿遗址平面图与复原图

(2) 商代前期的代表建筑。盘龙城是商代前期城市遗址。面积约为1.1平方公里,建于公元前15世纪前后,平面略呈方形,南北约290米,东西约260米。四面中部各有一缺口,可能是城门。城垣的夯筑是以每层厚8~10厘米的夯土筑出主体,内侧又有斜行夯土用来支撑夯筑城垣主体时使用的模型板。推测城垣原为中间高耸而内侧有斜坡以便登临,外侧较陡以御敌。城垣外有宽约14米、深约4米的城壕,壕内侧往往高出外侧1米以上。在城南壕沟底部曾发现桥桩的柱穴,可知当时是架桥通过的(图4.2)。

图4.2 盘龙城遗址复原图

(3) 商朝后期的都城遗址。殷墟是商朝后期的都城遗址。大致分为宫殿区、王陵区、一般墓葬区、手工业作坊区、平民居住区和奴隶居住区，城市布局严谨合理。从其城市的规模、面积、宫殿之宏伟，出土文物质量之精，数量之巨，可充分证明它当时是全国的政治、经济、文化中心，是一处繁华的大都市。宫殿区发现有54座王宫建筑基址，是殷都城内经过多次修建的一项宏伟工程。宫殿的建筑物都建在厚厚的夯土台阶上的，由夯土墙、木质梁柱、门户廊檐、草秸屋顶等部分构成。新中国成立后建立的复原图就建在殷墟宫殿区遗址上，院内建有仿殷大殿，大殿夯土台阶，重檐草顶，檐柱上雕以蝉龙等纹饰图案，古朴凝重（图4.3）。

图4.3 殷墟遗址复原图

2. 西周建筑

西周岐山宫殿是中国已知最早最完整的四合院式宫殿，已有相当成熟的布局水平。堂是构图主体，最大的进深达6米，堂前院落也最大，其他房屋进深一般只有它的一半或稍多，室内和院落一般都有合宜的平面关系和比例。室内外空间通过廊作为过渡联系起来。各空间和体量有较成熟的大小、虚实、开敞与封闭及方位的对比关系。这种四合院式的建筑形式，规整对称，中轴线上的主体建筑具有统率全局的作用，使全体具有明显的整体性，体现一种庄重严谨的格局。院落又给人以安定平和的感受，这种把不大的木结构建筑单体组合成大小不同的群体的布局，是中国古代建筑最重要的群体构图方式，得到长久的继承（图4.4）。

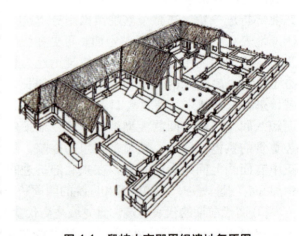

图4.4 殷岐山宫殿甲组遗址复原图

3. 春秋、战国建筑

春秋时，各国兴建了大量城市和宫室。宫室都属台榭式建筑，以阶梯形夯土台为核心，倚台逐层建木构房屋，借助土台，以聚合在一起的单层房屋形成

> **知识链接**
>
> 夏商与周的建筑，尤其是宫殿建筑，可以明显地划分为台基、屋身、顶层三大段。这是传统的中国建筑的一个重要特征，后来的建筑依然保留着这种形态，只是更加完整和成熟。

类似多层大型建筑的外观，以满足统治者的奢欲和防卫要求。战国时出现了更多的城邑、宫室。战国都城一般都有大小两城，大城又称郭，是居民区，其内为封闭的闾里和集中的市；小城是宫城，建有大量的台榭。此时屋面已大量使用青瓦覆盖，晚期开始出现陶制的栏杆和排水管等 (图4.5)。

图4.5　殷河北燕都出土的陶排水管

战国建筑可以河北平山中山王陵为代表 (图4.6)。它虽是一座未完成的陵墓，但从墓中出土的一方金银错《兆域图》铜板 (图4.7)，即此陵的陵园规划图，仍可知它原来的规划意图。五座享堂都是三层夯土台心的高台建筑，最中一座下面又多一层高1米多的台基，体制最高，从地面算起，总高可有20米以上。封土后侧有四座小院。整组建筑规模宏伟，均齐对称，以中轴线上最高的王堂为构图中心，后堂及夫人堂依次降低，使得中心突出，主次更加分明。中国建筑的群体组合多采用院落式的内向布局，但也有外向性格较强者，中山王陵虽有围墙，但墙内的高台建筑耸出于上，四面凌空，外向性格就很显著。封土台提高了整群建筑的高度，使得从很远就能看到，很适合旷野的环境，有很强的纪念性，是一件优秀的建筑与环境艺术设计作品。

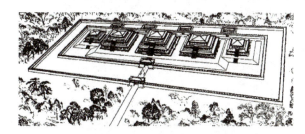

图4.6　中山王陵复原鸟瞰图

图4.7　出土的《兆域图》（金银错铜板）

值得一提的是，墓中出土的《兆域图》是我国已知的最早的一幅用正投影法绘制的工程图 (距今2300年，世界上最早的正投影图是埃及金字塔的平面图，距今5000年)。图上所标方位与现代地图相反，为上南下北，图上文字均用战国时期的文字"金文"书写，图上所有线条符号及文字注记均按对称关系配置，布局严谨；图中的尺寸采用"尺"和"步"两种单位表示，比例尺约为1:500。此图不仅表明当时的制图水平，还告诉人们当时的建筑是先绘制出平面才施工的。

4. 秦汉时期

秦汉时期的宫殿有个明显的特点，如汉代未央宫 (图4.8)，大宫中套有小宫，而小宫在大宫中各成一区。未央宫的前殿成狭长形，殿内两侧有处理政务的东西厢。秦汉时期，中国古代建筑室内空间的主要形态已基本出现。

宫殿、礼制等建筑，这类土木混合结构的高台建筑是"聚合许多单体建筑在一起的建筑形式。"其室内空间形态的特点是由若干个"小的矩形单元"聚合而成"高敞"的大空间，平面布局呈"前朝后寝"。

一般住宅为单体建筑，其平面形态为"一堂二内"。宅第的建筑平面布局为前后多重院落。院落空间的形成是单体建筑的"堂"、"门"分置的结果。从汉代的画像石、画像砖图像资料分析,当时厅堂的前檐对庭院是敞开的,遮阳避雨靠张设帘帷来实现,同时,帘帷也起到了分界室内室外的作用。从空间功能看,庭院与厅堂是内外互渗的。宅第的空间形态基本是"前堂后室"的平面布局。

东汉时期,全木梁柱框架结构体系技术日臻成熟,单体建筑已有"墙倒屋不塌"的特性,以此结构体系而形成的室内空间形态,具有"高敞融通""自由分隔"的特征。

秦汉陵墓都有高大的覆斗形封土,通常情况是陵前建享堂,侧陵建寝殿,东汉大墓前通常建立双阙,并设置石兽、墓碑、墓表,加强了陵墓的纪念气氛,如骊山陵、茂陵(图4.9)等。

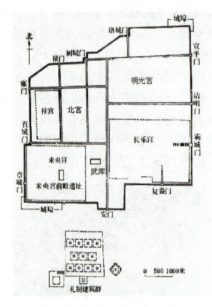

图4.8 汉长安未央宫平面图

图4.9 汉茂陵外观

4.2 建筑装饰与室内装修

(1) 顶棚。商周是中国建筑的一个大发展时期,已初步形成了中国建筑的某些重要的艺术特征,如方整规则的庭院,纵轴对称的布局,木梁架的结构体系,由屋顶、屋身、基座组成的单体造型,屋顶在立面占的比重很大。春秋战国时期诸侯割据,各国文化不同,建筑风格也不统一。大体可归为以齐、晋为主的中原风格和以楚、吴为主的江淮风格,秦统一全国后建筑风格才趋于统一。战国中山王墓中出土的一件铜案(图4.10),四角铸出精确优美的斗拱形象。由此可知当时建筑已使用斗和拱。瓦的出现是中国古代建筑的一个重要进步,西周已出现板瓦、筒瓦,屋顶开始用瓦,后来便全覆以瓦。

汉代是中国古代建筑的第一个高峰。此时高台建筑减少,多屋楼阁大量增加,庭院式的布局已基

图4.10 出土的战国时期铜案

本定型，并和当时的政治、经济、宗法、礼制等制度密切结合，足以满足社会多方面的需要——中国建筑体系已大致形成。此时的建筑已具有庑殿、歇山、悬山和攒尖4种屋顶形式。庑殿正脊短，屋面、屋脊和檐口平直，屋顶正脊中央常饰有凤凰。汉代歇山顶不多见，从焦作出土的一件明器（图4.11）中可见当时的歇山形状是由中央悬山顶和四周单庇顶组合而成的，并且檐口微微起翘，可能是当时南方的建筑风格。

(2) 墙面与柱面。商代较大的建筑主体用木骨泥墙为承重墙，四周或前后檐另在夯土基中栽植檐柱，建一圈廊或前后檐廊。在商代后期遗址建筑中，还出现了石砌的承重山墙，湖北省发掘出的周代遗址则明确地说明干阑结构已普遍应用。春秋战国时期的建筑木结构成为主要结构形

图4.11 出土的五层彩绘陶仓楼

式，高台建筑发展，许多城内留下了巨大的夯土台，证实了文献中"高台榭，美宫室"的记载。现存一些战国时代的铜器上保存着线刻的建筑形象，是现知最古老的建筑立面图（也许是断面图），有踏步或坡道、屋顶、柱、梁，根据细部仍可断定是纵架。汉代的栏杆有卧棂栏杆，斗子蜀柱栏杆，柱础的础质难辨，式样简单，台基用砖或砖石混合的方法砌成，在挖掘这一时期的建筑遗址时，常常出土一些铜建筑构件。这就是所谓的"釭"，或称"金釭"（图4.12）。在周代，榫铆技术还不成熟，在木结构的节点上须加釭进行加固，或用其连接木构件。这些釭上通常有精美的纹饰，具有很强的装饰性。后来木结构技术有了进步，釭不再是必需物，但作为一种装饰物它却保留了下来，并发展为一种装饰性的釭。因为在当时还在使用夯土承重墙，可以推测，在用于拉固夯土墙的木制"壁带"上曾大量使用过这种装饰性的釭。釭的原始意义是连接，加固木构件。这一时期的门主要有板门、石木门，窗的纹样有直棂窗、斜格窗和锁纹窗。

图4.12 釭的使用与转角釭

(3) 斗拱。斗拱（图4.13）在汉代得到了极大的发展，它的种类较多，可谓达到了千奇百态的程度。在各种阙、墓葬及画像砖中都可以见到它的形象。此时的斗拱虽已能做得比较复杂，但没有往前出挑的，且各地做法很不统一，有的结构也不尽合理，在相当的程度上是工匠们个人的摸索。后世中成熟的斗拱，便是经过了实践的检验，从这些斗拱中脱颖而出的。

(4) 装饰纹样。秦汉时期的建筑装饰，主要包括壁画、画像砖、画像石、瓦当4个门

类。秦代开始出现吉祥文字瓦当。两汉流行卷云瓦当及吉祥文字瓦当。西汉末年到新莽时期，出现青龙、白虎、朱雀、玄武四神瓦当 (图 4.14)，形象活泼，已成为当时庄重典雅的装饰艺术品。建筑构件的外形也常予以装饰，如燕都出土"山"字形栏杆砖、虎头形出水管等。在装饰构图方面，如同心圆、卷叶、龙凤、云山、重环等纹样，常见于瓦当及空心砖上。而铸于铜器、漆器上的纹样就更加精美，如三角形、波形、涡形等，其中有些图案中已用于建筑的装饰。

图 4.13　斗拱在汉代墓阙上的形象

图 4.14　西汉的天下四神瓦当

4.3 室内家具与陈设

4.3.1 室内家具

家具是一种生活器具，大致包括坐具、卧具、承具、庋具、架具、凭具和屏具七大类，主要陈放在室内，有时也在室外。家具既为生活所必需，也以其形象、尺度、质地、色彩、装饰以及陈放的位置和呈现的总体风格与建筑密切配合，共同参与艺术氛围的创造。所以，家具也是建筑艺术关注的一个方面 (图 4.15)。

我国古人席地而坐，类似于现代日本人的生活习惯。室内以床为主，地面铺席；再后来出现屏、几、案等家具，床既是卧具也是坐具，在此基础上又延伸出榻等。商代已出现了比较成熟的髹漆技术，并被运用到床、案类家具的装饰上。从出土的一些漆器残片上，可以看到丰富的纹饰，在红地黑花之外，还镶嵌象牙、松石等，其技术达到了很高水平。到战国时家具的制造水平有很大提高，尤其在木材加工方面，出现了像鲁班这样的技术高超的工匠。

由于冶金、炼铁技术的改进，木材加工发生了突飞猛进的变革，出现了丰富的加工器械和工具，如铁制的锯、斧、钻、凿、铲、刨等，为家具的制造带来了便利条件。当时主要的家具品种是几、案等。其中木制品大部分都以漆髹饰，一则为了美观，显示家具主人的身份和地位，二则是对木材起保护作用。当时人们的生活习惯是坐、跪于地上，所以几、案都比较低。在河南信阳出土的彩绘大床，是我们所能见到的最早的床形实物。早在商周时期就有使用屏风的记载，它起到分隔空间、美化环境的作用，春秋、战国时期，其制作和髹饰都已相当精美。

秦汉时期的家具较为丰富，可分为床榻、几案、箱柜、屏风（图4.16）等几大类，几案形式各异，多为木制油彩，陶案普遍，铜案精美。汉代木箱普遍为平顶式和盝顶式，其形象在山东沂南画像石墓和河南密县打虎亭壁画墓中都可以看到。扬州七里甸东汉墓出土有漆箱

图4.15　各式家具

(a) 漆俎（河南信阳）；(b) 铜俎（陕西）；(c) 铜俎（安徽寿县）；(d) 漆案（长沙刘城桥楚墓）；(e) 铜禁（陕西宝鸡台周墓）；(f) 漆几（随县曾侯乙墓）；(g) 雕花几（信阳楚墓）；(h) 铜（安阳妇好墓）；(i) 漆凭几（长沙楚墓）；(j) 彩绘大食案（信阳楚墓）；(k) 衣箱（随县曾侯乙墓）；(l) 彩绘书案（随县曾侯乙墓）；(m) 彩绘大床（信阳楚墓）

实物（图4.17），大者长460毫米、宽270毫米；小者长244毫米、宽113毫米、高88毫米，为盝顶式，外髹褐色漆，内为朱漆。《画皮》中木头的纹理，藤条的编织，还原了秦汉时代所推崇的古朴典雅，而对称的结构，简洁的线条，则搭配出返璞归真的和谐。目前不少中式家居饰品的设计都吸取了秦汉时期的元素，如写有古朴文字的屏风、手绘的绢等。

图4.16　汉代的榻与几

图4.17　出土的彩漆方壶

4.3.2　室内陈设

秦汉时期"高敞"的室内空间与低型的家具在尺度上比例严重失调，帷帐在室内的使用便解决了这一问题。这种将灵活的"帷帐"置于固定的"房屋"内的做法，把两种形式的建筑由外而内进行"空间复合"的设计，不仅满足了室内空间不同使用功能的需要，即便是同一室内空间，在不同的时间段完成不同功能需求，也变成了可能。同时，它更弥补了固定建筑空间组织上的不足。值得一提的是，这种设计，最终在哲学层面上体现了道家"虚实相生"的思想。秦汉以前，

图 4.18　帷帐在室内的运用

帷帐是多用于军旅、狩猎、祭奠活动的临时性建筑。运用灵活多变、开合随意，或挂于壁上，或悬于顶上，或张于架上，或包裹梁柱，形式多样、表达丰富。帷帐材质以织物为主，材质特性决定了帷帐丰富的装饰性、通用性、舒适性和亲体感 (图 4.18)。用帷帐进行室内空间组织、分隔和限定的设计方法，对中国传统室内设计影响深远，时至今日，跨越千年的它对当下室内空间多功能化设计仍有一定的启发意义和借鉴价值。

自封建社会始，"礼制"便在整个政治视野和社会生活中占据了举足轻重的地位，几乎成了古老文明的核心内容。先秦以后，作为礼教象征的青铜重器 (图 4.19、图 4.20) 转移到宫殿建筑之后，高台建筑便成了政治中心。秦始皇、汉武帝更把宫殿建筑、陵寝建筑当做权力象征及封建礼制的重要构成。汉承秦制，主要建筑沿袭秦的"宏大"，更讲究"壮丽"。如汉初建未央宫时，汉高祖刘邦"见宫阙壮甚"，而责问负责建造的丞相萧何，萧何答曰："夫天子以四海为家，非壮丽无以重威，且无令后世有以加也。"

汉代陶器有黑陶、红陶、彩绘陶、釉陶和青陶等，其中，以彩陶、釉陶、青陶最有特色。西汉时，青瓷技术已渐成熟，但还没有完全形成自己的风格，其器型有壶、碗、杯、盘和灯，其纹样多为圆圈、菱形等几何纹 (图 4.21)。

此时，还有官营铜器制造业，专为宫廷打制铜器 (图 4.22)。铜灯便是这些铜器中重要的品种。

图 4.19

图 4.20

图 4.21

图 4.22

图 4.19　商周青铜器纹样兽面纹爵　　图 4.20　商周青铜器纹样宁方彝
图 4.21　汉代陶器　　　　　　　　　图 4.22　汉代铜铺首

汉代的纺织、印染和刺绣技术都很发达(图4.23)。各类纺织成了宫室、贵族、官僚的必需品,连民间也有较多的需求。"丝绸之路"的开拓,使中国汉代的丝织品远销欧洲和中亚、西亚,这一切又反过来对汉代的纺织、印染、刺绣业的发展起了很大的刺激作用。纺织品的增多,增加了室内环境的内容。

书画在室内的陈设,是中国传统室内设计的一个重要方法。秦汉时期,宫室、殿堂、祠堂等主要建筑的室内界面及构件的装饰绘画主要是壁画。陵墓室内界面则以绘画形式进行装饰(图4.24)。秦汉主要建筑室内空间高敞融通,在室内设计上,充分利用壁画来进行装饰。壁画构图讲究平面效果,多以横带形式,上远下近排列以示时间顺序,内容丰富。色彩虽不多,但分布均匀,形成节奏,显得丰富、华丽。墓室壁画的构图、造型、色彩和用线具有装饰性,以装饰性统一画面,使天、地、古、今统一。汉代画像砖(图4.25)构图饱满,以线造型、形象质朴拙气。画像砖为模制,以线造型、以形装饰,线形结合,形象夸张变形。秦汉时期的装饰绘画注重题材,并通过象征、模拟的手法,立象尽意、引人入境,人在境中、境生象外。河北安平县逯家庄汉墓壁画,则使人们看到一座大型坞堡内部的稠密建筑、庭院及高大塔楼的形象。至于反映田园劳动、射猎、出行、宴饮等内容的壁画就更多了。丰富了室内空间结构,拓展了室内空间的审美视野和情趣。

图4.23 马王堆出土的汉帛画　　图4.24 内蒙古和林格尔汉墓壁画

图4.25 画像砖图案

知识链接

秦汉壁画的特点:第一,壁画已成为室内装修的一部分,或画于墙面,或画于藻井,都与界面紧密结合;第二,不是纯艺术,而是教育的工具,具有明显的精神功能;第三,以现实材料为主,以写实画法为主。

由此可见,室内设计的物质风貌和文化内涵在秦汉时期发生了重大转折,这一变化激发起社会发展、创新的文化动力,具有不容忽视的重大研究价值。全面、系统、科学地分析秦汉室内设计特征与理念，有助于深入把握中国室内设计的文化发展脉络，进一步理解中国传统室内创作体系的核心精神和表现方法，为今后探索本土室内设计理念提供可借鉴的依据。

本 章 小 结

　　夏商周至秦汉时期是中国建筑社会的形成时期。本章主要介绍了夏商周至秦汉室内空间在装饰装修上的特点及家具与陈设在室内设计中的运用，其中对夏商周至秦汉建筑室内空间的装饰与装修进行了重点介绍。

　　本章的教学目标是使学生掌握这一时期的各种建筑风格及其室内装饰装修上的特点，以及对以后建筑与设计的影响。

【实训课题】

(1) 查找夏商周至秦汉时期建筑的设计元素，写出建筑特色和设计风格。

(2) 就近查找有关斗拱的造型，并拍摄存档。

【思考练习】

(1) 谈谈你对夏商周至秦汉建筑的认识。

(2) 夏商周至秦汉哪些建筑形态一直延续着？

(3) 夏商周至秦汉时期室内主要的陈设品有哪些？

第5章

魏晋南北朝至隋唐建筑室内空间
——从融合期走向成熟

知识目标

熟悉中国魏晋南北朝至隋唐时期建筑的发展概况,掌握这个时期室内空间在装饰装修上的特点及家具与陈设在室内设计中的运用。

重难点提示

魏晋南北朝至隋唐时期室内空间在装饰装修上的特点;魏晋南北朝至隋唐时期家具的特点;室内陈设的运用。

【引言】 魏晋南北朝至隋唐是中国历史上一个从动荡战乱的时代走向统一的时代，而魏晋南北朝时期，中外民族及其文化的冲突与融合，又为中国建筑艺术的破旧立新、达到新的辉煌积蓄了能量。隋唐是中国历史上最为辉煌的时代，中国传统建筑的技术与艺术在这300多年间达到了一个伟大的巅峰。隋王朝结束了中国南北长期分裂的局面，饱经战乱之苦的古老国度在隋文帝的治理下迅速繁荣起来。隋炀帝即位后便大兴土木。这一举动固然是劳民伤财的不义之举，但在另一方面，大运河的开凿又促进了南北文化的融合，大量建筑实践也推动了建筑技术和艺术的发展，隋代建筑因此取得了突出成就。

隋代建筑追求雄伟壮丽的风格，首都大兴城规划严谨，分区合理，其规模在1000余年间始终为世界城市之最。唐初，太宗李世民吸取隋炀帝大兴土木、劳民伤财的教训，主张养民，崇尚简朴，兴建宫室的数量和规模都很有限。经过贞观之治，唐朝成为当时世界上最富强的国家，至开元、天宝年间，其建筑形成了一种独具特色的"盛唐风格"，建筑艺术达到了巅峰。安史之乱以后，唐王朝逐步走向没落，中晚唐建筑也因之少了盛唐建筑的雄浑之气，多了些柔美装饰之风。随着高足家具的普及，晚唐的建筑比例也因此产生了变化。

唐代建筑最大的技术成就是斗拱的完善和木构架体系的成熟，出现了专门负责设计和组织施工的专业建筑师——梓人(都料匠)。唐代佛教兴旺，砖石佛塔的兴建非常流行，中国地面砖石建筑技术和艺术因此得以迅速发展。

5.1 建筑空间的发展概况

东汉末年，中国陷入大战乱时期，直到589年隋朝才再次统一中国。魏晋隋唐是开窟建寺的高峰期，此后直到封建社会晚期，一直是中国建筑的一个重要内容。

1. 都城与宫殿

公元581年，杨坚代周自立，建隋朝，号称隋文帝。开皇九年(公元589年)，隋文帝南下灭陈，至此，动乱了400多年的中国又一次进入统一时期。同时也进入了一个民族文化大融合、思想观念大革命的时期。

618年李渊建立唐朝。社会安定，经济、文化繁荣，是我国古代历史的最高峰。唐朝沿用大兴为都，改名长安，并加以扩建。唐都长安是当时世界上最大的城市之一。它布局方整，对称、功能区域划分明确，是经济文化高度发展的象征，对封建社会都城建筑有重大影响。其特点是有明确的中轴线和严谨对称的布局，皇城区设在北部，皇城之外成正角相交的街道区，划出110坊为居住区，克服长安"宫室与百姓杂居"的缺点，也改变了长安宫廷堡垒的性质。

2. 坛庙建筑

471年北魏孝文帝即位，促进了北方侵入的各游牧民族与汉族的融合。洛阳城内的白马寺(图5.1)是我国历史上的第一所佛寺。隋唐国力空前强大，建筑艺术也呈现一片繁荣景象。隋唐建筑艺术在继承前代的基础上，大都有新的创造，其艺术风貌恢弘壮观，显现出一定社会时期的深远发展和国力扩张，体现了封建社会上升时期的一种时代精神。

西安荐福寺小雁塔(景龙元年，707年)，平面呈方形，密檐式，塔身有显著的收分，外观十分尖耸秀丽，是反映唐代艺术风格的代表作(图5.2)。

3. 佛塔建筑

现存的古塔林立在祖国各地，形式多种多样。塔的建造来自于印度佛教，是保存佛骨的坟墓。中国的佛塔是在中国木构楼阁的建筑基础上吸收了印度佛塔的形式而形成了民族建筑形式。其造型优美，形式多样，主要有4种形式：楼阁式塔、密檐式塔、喇嘛塔、金刚塔。

图5.1 洛阳白马寺

佛塔自印度传到中国后与中国建筑形成结合，创造了中国楼阁式木塔。北魏正广年即公元523年建造的河南登封县嵩岳寺塔(图5.3)，是我国现存年代最早的砖砌建筑的佛塔。塔平面为十二角形，塔高约39m，底层直径约10m，内径直径空间约5m，整体厚2.5m，塔身立于简朴的台基上，塔底部，东西南北砌圆券形门，便于出入，其余8面为光素的砖面；其上叠涩出檐，塔身各角立倚柱一根，柱下有砖雕的莲瓣形柱础，柱头饰以砖雕的火焰和睡莲，12面中，正对4个入口的砖砌圆券形门，其余8面，各砌出一个单层方塔形的壁龛，并以隐式的壶门和狮子做装饰。

图5.2 西安荐福寺小雁塔

图5.3 河南登封县嵩岳寺塔

隋、唐时期的许多木塔都已经不存在了，现存的砖塔有楼阁式塔、单塔、密檐塔3种。隋唐时期留下的楼阁式塔中，有建于唐朝的西安兴教寺玄奘塔、西安积香寺塔、西安大雁塔；密檐塔的典型代表有云南大理崇圣寺的千寻塔、河南嵩山的永泰寺塔和法王寺塔等单层塔作为僧人的墓塔，其中河南登封县嵩山会善寺的静藏禅师塔，山西平顺县明惠大师塔是最典型的范例。

4. 石窟建筑

石窟是最能反映魏晋南北朝时期佛教兴盛的建筑艺术。它来自于印度，故先出现在新疆，特别是喀什、准噶尔、拜城、库城和吐蕃等地，甘肃敦煌的莫高窟是我国最早开凿的石窟群之一（图5.4）。它的布局呈僧院型。两侧墙上各开4个小洞，窟顶及四壁布满壁画，题材多和佛教有关。北魏平定河西后，佛教进一步向东传播，石窟也陆续在内地开凿，最早开凿的是大同云冈石窟。

图 5.4　敦煌莫高窟

石窟空间形式大体有四类：第一类，近似印度的"支提窟"，可称中心塔柱式，其特点是平面呈正方形，中间偏后处竖立一个四方形中心塔柱，由地面直立窟顶，塔柱四周有神龛，内塑有佛像，塔柱前部的窟顶呈双坡屋顶，通称为"人字坡"；第二类，是覆斗式石窟，这种石窟呈方形或长方形，中间设有中心塔柱，左、右、后三侧或后壁有壁龛，窟顶为覆斗式，也有少数为攒尖式；第三类，是毗坷罗式，其特点大多是方形，前面为入口，左右有小室，后壁凿神龛。两侧的小室空间很小，只能容一僧禅座，毗坷罗式窟型很少，只见于北朝；第四类，是有檐式。早期石窟多有木构窟檐，由于木材容易腐烂，现已无存。

图 5.5　龙门石窟奉先寺

佛教在唐朝达到兴盛。672年开凿的龙门石窟奉先寺是唐朝凿造的第一座大石窟（图5.5）。石窟呈大殿状，南北36m，东西40m。石窟主像为舍那佛，高17.14m，左右两侧立两弟子，以及两个协侍菩萨和四大天王。

隋唐石窟的窟形主要有两种：一种是北朝就已经出现的覆斗形窟，另一种是少量的大佛窟。覆斗式石窟是对于现实中"斗帐"的模仿，中心高起，没有压抑感，没有中心柱，既保证了充足光线，也为绘制大型的壁画提供了条件。这种石窟多由三部分组成，即前厅、洞室和佛龛。

5. 园林建筑

魏晋南北朝时期（220—589年），皇家园林的发展处于转折时期，虽然在规模上不如秦汉山水宫苑，但内容上则有所继承与发展。例如，北齐高纬在所建的仙都苑中堆土山象征五岳，建"贫儿村"、"买卖街"体验民间生活等。此外，由于魏晋南北朝时期，中国社会陷入大动荡，社会生产力严重下降，人民对前途感到失望与不安，于是就寻求精神方面的解脱，道家与佛家的思想深入人心。此时士大夫知识分子转而逃避现实，隐逸山林，这种时尚必然体现在当时的私家园林之中。其中的代表作有位于中国北方洛阳的西晋大官僚石崇的金谷园和中国南方会稽的东晋山水诗人谢灵运的山居。两者均是在自然山水形的基础上稍加经营而成的山水园。隋唐时期（581—907年），皇家园林趋于华丽精致。

6. 住宅建筑

隋唐之际，平民住宅多为单层单幢的，富人住宅即大宅可称为"第"，一般均为院落式。从空间组织角度看，宅院是多个空间的组合体。隋唐宅院内外关系明确，主次空间分明，整体布局紧凑，功能分区合理，说明在空间的连接、过渡等方面已经达到相当成熟的程度。

5.2 建筑装饰与室内装修

南北朝时期单体建筑仍以木结构为主，建筑物大体由屋基、屋身和屋顶三部分组成，恰当处理各部分的比例关系和外形轮廓，以及运用不同的材料、色彩、装饰物，可以造成不同的艺术效果，外观上有着醒目的屋顶是古代中国建筑独特的传统。

唐代殿堂、陵墓、住宅等建筑的装饰纹样丰富多彩，最常见的除莲瓣外，窄长花边上常用卷草构成带状花纹，或在卷草纹内加以人物。这些花纹不但构图饱满，线条也很流畅挺秀。此外还有回纹、连珠纹、流苏纹、火焰纹及飞仙等绚丽饱满的装饰图案。

南北朝时屋顶举折平缓，正脊与尾衔接成柔和的曲线，出檐深远，因而给人以既庄重又柔丽的印象，此时已出现少量的琉璃瓦，一般只用于个别重要的宫室屋顶做剪边处理，色彩则以绿为主；檐口以下的部分则由柱身和承托梁架及屋顶的斗拱组成，色彩、装饰方面，一般建筑物是"朱柱素壁"的朴素风格，而重要建筑物则画有彩绘并且常常绘有壁画。以二方连续展示的花纹以卷草、缠枝等为基调，十分高雅、妩媚，为隋唐装饰风格奠定了基础。

隋唐时期顶棚的做法有两类：一类是"露明"做法，另一类是"天花"做法。露明做法到宋代称为"砌上露明造"（图5.6），即将"上架"的枋、椽等直接暴露于室内，把屋顶的空间纳入室内空间，不另外做顶棚。其好处是做法简单，室内空间高爽，故常用于古代早期建筑及后来的次要建筑。天花做法又可分为3种：第一种是软性天花，即用秸秆扎架，于其上糊纸，多用于一般的住宅，讲究一点的，可以木条为料，铁梁做成骨架，再于其上糊纸，称为"海漫天花"，这种做法表面平整，色调淡雅、明亮亲切，多用于大型宅第和宫室。第二种是硬性天花，也称"井口天花"，做法是由天花梁枋、枝条组成井字形框架，在其上钉板，并在板上彩绘图案，或做精美的雕饰，这种天花隆重、端庄，故多用于宫殿等较大空间。天花做法的第三种是藻井，藻井主要用于天花的重点部位，如宫殿、坛庙的中央，特别是帝王宝座和神像佛龛的顶部等，它如突然高起的伞盖，渲染着重点部位庄严、神圣的气氛，并突出构图的中心，藻井是天花中等级最高的做法（图5.7）。隋唐石窟藻井者颇多，敦煌莫高窟第120窟（隋）、第380窟（唐）、第372窟（唐）的窟顶，均有藻井壁画，总的感觉是前期较为质朴，后期相对华丽（图5.8）。

图5.6　室内露明造法

魏晋南北朝继承和发扬了汉代的绘画艺术，这时期的室内装修主要体现在墙面的壁画上，呈现出丰富多彩的面貌，并逐渐成为一门独立的艺术门类，一方面继续发挥着教育作用，另一方面又成了可供审美的艺术品，绘画的题材多种多样，肖像画尤其受重视，实质是士大夫阶层想从绘画中得到自我表现。壁画可分为殿堂壁画、寺观壁画、墓石壁画和石窟壁画，但今日真正难得一见的是墓石壁画和石窟壁画(图5.9)。

图 5.7　敦煌藻井造型

图 5.8　唐敦煌石窟藻井图案

图 5.9　敦煌石窟壁画

　　隋唐建筑的墙壁多为砖砌，宫殿、陵墓尤其如此，已经发掘的唐永泰公主墓的甬道和墓室就是用砖砌筑的。木柱、木板常涂朱红，土墙、编笆墙及砖墙常抹草并涂白，故自魏晋起就有"白壁丹楹"和"朱柱素壁"的记载。

　　魏晋南北朝时期大多数普通建筑的地面还是以粉刷为主，这种地面刷饰的色彩基调中，红色似乎仍然是被禁止的，而以白色地面居多。此外还有铺满木板的做法。

　　隋唐时期地面多铺有地砖，有素砖、花砖两类，花砖的花纹多以莲花为主题。

　　南北朝时期有关木雕的记载更为具体详尽。隋唐以后，雕刻已成为制度记载于《营造法式》中，并将"雕饰"制度按形式分为4种，即混作、雕插写生华、起突卷叶华、剔地洼叶华，按当今的雕法即为圆雕、线雕、隐雕、剔雕、透雕，明清时期又出现了贴雕、嵌雕等雕刻工艺，使木雕技术得到进一步发展。从北京四合院的建筑木雕来看，它主要包括建筑的梁架构件，外檐与室内等部分装饰装修，其中外檐部分主要包括各式门窗、栏杆、挂落等；室内部分主要包括分隔空间的纱隔和花罩，以及形式多样、雕工精美的室内陈设家具。由此可见，建筑木雕装饰是木雕装饰与建筑构架、构件的有机结合，并利用其木制材料进行雕饰加工，丰富建筑空间形象而形成的雕饰门类，是建筑内外环境装饰中的一种重要装饰形式与装修处理手法，是一个由民族世代相传，长期积累下来的文化成果。

建筑艺术及技术在原有的基础上进一步发展，楼阁式建筑相当普遍，平面多为方形。斗拱方面，额上施一斗三升拱，拱端有卷杀，柱头补间铺作人字拱，其中人字拱的形象也由期初的生硬平直发展到后来优美的曲脚人字拱。屋顶方面东晋壁画中出现了屋角起翘的新样式，且有了举折，使体量巨大的屋顶显得轻盈活泼(图 5.10)。

此时的建筑多在墙上、柱上及斗拱(图 5.11)上面做涂饰，流行的设色方法是"朱柱素壁"，"白壁丹楹"。这种设色方法背景平素、红柱鲜明、靓丽而不失古朴，故也为后来的建筑所沿用。

图 5.10　唐代建筑斗拱　　　　　　图 5.11　唐代室内空间斗拱

敦煌莫高窟 15、16 窟有木制斗拱的实物，位于人字披脊方、檐方与山墙的交接处，造型虽然简单，但能体现出斗拱的功能，且是现存斗拱中年代最久者。

唐代在我国的南方较边远的闽粤地区，也就是被称为南蛮地区的建筑，则仍然保持着魏晋南北朝的工程做法，形成了一支与中原主流建筑不同的建筑体系，这种形式到后世被称为南宋式样的非主流建筑，与唐中原主流建筑并行。建筑的斗拱还保持着南北朝的斗下设皿板和汉代用插拱出挑，以及昂嘴为双曲线，梁袱肩头为月梁造等特点。这种式样通过佛教经海路传至日本，形成了日本称为"天竺样"的建筑式样。因在日本最大的佛殿东大寺的大佛殿中使用，所以日本也称"大佛样"。

斗拱结构形式用纵横相叠的短木和斗形方木相叠而成的向外挑悬的斗拱，本是立柱和横梁间的过渡构件，逐渐发展成为上下层柱网之间或柱网和屋顶梁架之间的整体构造层，这是中国古代木结构构造的巧妙形式。自唐代以后，斗拱的尺寸日渐减小，但它的构件的组合方式和比例基本没有改变。因此，建筑学界常用它作为判断建筑物年代的一项标志。

5.3　室内家具

从东汉末年到三国及两晋南北朝，是一个政治上很不稳定，战争破坏严重，国家长期处于分裂状态的时期。家具生产之所以有所发展，主要有以下 3 个原因：一是当时的手工业工人已有一定的独立性和自由度；二是动荡的社会在一定程度上促进了民族和区域间的文化交流；三是佛教和外域文化的影响，魏晋南北朝时，印度僧人和西域工匠纷纷来到

图5.12 犍陀罗艺术

中原,他们带来了融希腊、波斯风格为一体的犍陀罗艺术,对中国的家具和其他艺术门类都有较大的影响(图5.12)。

由于民族大融合的结果,家具普遍升高,虽然仍保留席座的习俗,但高坐具如椅子、方凳、圆凳、束腰型圆凳已由胡人传入(图5.13),床已增高,下部用壸门做装饰,屏风也有几褶发展成多叠式。这些新家具对当时人们的起居习惯与室内的空间处理产生了一定的影响,成为唐以后逐步废止床榻和席地而坐的前奏。

魏晋南北朝的家具,正处于我国古代家具的探索期,其表现是低形家具继续发展,高形家具问世,特点是吸收、融合,在一定程度上有创新。

隋唐五代是我国家具史上一个变革的时期,它上承秦汉,下启宋元,既融合了各个民族的文化,又大胆吸收了外来文化的特点。唐代是我国高低形家具并行的时期,高形家具在原来的基础上又有了较大的发展,其时,人们的起居习惯呈现出席地跪坐、伸足平坐、侧身斜座、盘足叠座、垂足而坐同时并存的现象。隋唐家具内容丰富,造型雍容大度,色彩富有洒脱,构图注重整齐对称,在艺术上具有很高的水平。坐凳种类繁多,从壁画等资料看,有四腿小凳、圆面圆凳、腰凳和多人同坐的长凳;椅子中,木椅有扶手椅、四出头官帽椅和圈椅等多种。

隋唐是由低形家具向高形家具转化的时期,故低形家具如几、案等仍在使用(图5.14)。案有平头案和窍头案,高度在300~500mm,高桌和高案是在低形几案的基础上发展起来的高形家具,高度在650~800mm。唐代桌的桌腿,多用板材角拼,至五代,角拼做法逐渐减少,大都改为圆腿桌,并常用夹头的牙板或牙条,还在腿之间横撑。

图5.13 南北朝时的家具

图5.14 平头案(隋唐)

唐朝时的箱子，有木质、竹制、皮质3种，且有长方形和方形等不同形式。唐朝时的柜子，多为木制，板做柜体，外设柜架，多数横向设置，有衣柜、书柜、钱柜等多种类型。

5.4　室内陈设

魏晋南北朝时期，由于手工业较发达，工艺品的成就仍然保持在一个较高的水准上。此前已有的青瓷，已从成熟达到完善的阶段，无论是从质地还是产量，均已超过汉代，贵族家庭常用的铜器或漆器，已逐渐为瓷器所代替。

唐代金银器的器形繁多，除首饰之外，属于陈设的就有盆、碗、盘、罐、熏炉等。1970年，在西安南郊河家村，发现一个唐代贵族的两瓮窖藏文物，其中仅金器、银器就有270件。

图5.15　唐代织锦

(1) 织物。中国织锦沿"丝绸之路"向西远销，也从波斯、拜占庭、叙利亚和埃及等得到了新的启示。此时的织锦(图5.15)，除了用汉代纹样，增多了植物纹样外，已有清新活泼的散点花和波斯风格的连珠纹，这一切都为唐代织锦的焕然一新做了必要的准备。唐代的织物有丝织品和棉织品两大类。丝织品中的锦，图案丰富，有"团纹"、"散花"、"对称纹"、"几何纹"。题材多取现实生活中的鸟鱼、花草和佛教中的宝相花及莲花等。隋唐织物用于室内的方式有很多：一是用做幔帐，形成一定的虚空间；二是用做桌布和椅凳垫等，这在许多壁画和绘画中同样能够找到可信的证据；三是做成小饰物。

(2) 陶瓷。除青瓷之外，此时的黑釉瓷、黄釉和白瓷也达到了很高的水平。后汉的黑釉瓷是黑褐色且发涩，而此时黑釉瓷已很少见，它们的出现为唐三彩(图5.16)的诞生奠定了必要的基础。隋朝的陶器由汉代之衰逐渐转盛，品种有釉陶、灰陶和彩陶绘，器形有陶罐、博山炉和陶鼎等(图5.17)。唐朝陶器中最引人注目的是"唐三彩"。它是一种低温烧制的铅釉彩陶器，名为"三彩"，实际上有黄、绿、褐、蓝、黑、白等多种颜色，只是黄、绿、褐色用得较多，才俗称"唐三彩"。隋代青瓷的做法主要是刻花和印花，装饰风格简洁质朴，造型比例恰当而又圆润。总的来说，隋唐时期的陶器有如下特点：一是陶瓷器形增多，日用陶瓷更侧重使用功能，随着高形家具的增多，日用陶瓷多带手柄，以满足人们从桌子索取之用；由于思想活跃，生活水平提高，大量采用生活气息浓郁的花草题材，造型设计更加丰富多彩，常常采用仿生造型，特别是瓜形壶、花形盘等植物造型和凤形瓶、双龙柄壶等动物造型，致使瓷器物更具"陈设"的意义。

图 5.16　唐三彩骆驼与花瓶　　　　　　　图 5.17　博山炉

(3) 金属制品。以铜镜为例，隋朝铜镜没有自己的风格，基本沿用六朝和汉代的样式，纹样主要有青龙、白虎、朱雀、玄武"四神"和十二生肖 (图 5.18)。唐朝铜镜之所以得到发展，有两个原因：一是瓷器普及，许多铜器日用品均已被瓷器所代替，铜器的公益只能集中到铜镜上；二是当时的铜镜不只是生活用品，还是皇家赐赏百官、国际交往、人们互送的礼品。

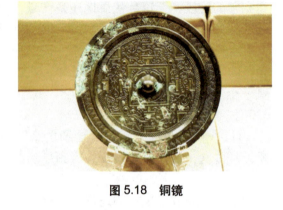

图 5.18　铜镜

(4) 灯具。三国、魏晋南北朝时期，仍有铜灯和陶灯，但瓷灯已有取代陶灯的趋势 (图 5.19)。除主流灯具——瓷灯外，此时还开始使用石灯，并有了多种造型的烛台。隋唐时期，陶瓷业发达，铜器减少。陶瓷制品不仅包括餐具、茶具、酒具、文具和玩具，也包括应用广泛的灯具。宫灯最先出现在宫廷，最早的宫灯主要用于节庆日，有一些也直接转为宫廷的日用灯。宫灯的种类较多，单独使用的有灯笼灯和走马灯，遇到重大节庆日，还可用为数众多的灯盏组成灯数与灯楼。灯楼以竹篾或铁丝为骨架，外糊细纱或薄纸，里面点蜡烛，可挂可提，色彩较鲜艳。

图 5.19　南北朝瓷灯

(5) 屏风。屏风在魏晋南北朝时期依旧盛行。隋唐屏风主要有两种，即折屏与坐屏 (图 5.20)。折屏由多扇组成，最少是两扇，最多的可达 10 多扇。由于要互成夹角立地上，故一律为双数。盛唐前后的折屏，大都用六扇，因此，又专以"六曲屏风"而称之。坐屏也叫做硬屏风。下有底垫，不折叠。由于常取对称形式，屏扇为 3、5、7、9 等奇数。屏扇下面有腿，插入屏座之中，边有站牙，顶有屏帽，屏帽常常雕花，屏面常以木雕、嵌石、嵌玉、彩绘为装饰。隋唐时期，大量采用纸糊屏扇，很少采用实板。

图 5.20　隋唐书画中屏风

知识链接

在传统家具中,屏风更是以其独特的作用,组织和分隔出灵动的室内空间。《史记》孟尝君传中,有段描写屏风作用的话:"孟尝君待客坐语,而屏风后常有侍史,主记君所与客语。"这是说,古人在相亲的时候,更有诸多佳人躲在屏风之后,偷偷相一下未来的夫婿。屏风所特有的感情与浪漫气息,是我国传统家具中最巧妙的发明。屏风多设于室内轴线尽端,在视觉上形成一个中心,围绕着这个中心,室内陈设、家具进行对称布置。在室内空间视觉中心的设计方面,东西方拥有较大的差别。由于文化和习俗的不同,欧美传统建筑室内设计一般以壁炉为视觉控制中心,在壁炉前铺地毯,家具陈设围绕着这个中心形成了一个向内的空间。

本章小结

本章从魏晋南北朝至隋唐时期建筑发展概况、建筑装饰与室内装修、家具与陈设、彩画与壁画几个方面进行了阐述。对魏晋南北朝至隋唐时期建筑室内空间的装饰与装修进行了重点介绍。

本章的教学目标是使学生掌握这一时期的各种建筑风格及其在装饰装修上的一些特点。

【实训课题】

(1) 内容及要求。

① 组织学生观看敦煌莫高窟的相关纪录片,在课堂中向同学进行讲解。

② 学生分组制作课件,结合观看纪录片,寻找石窟造型制作PPT,在课堂上向同学进行展示和讲解。

(2) 训练目标：对魏晋南北朝至隋唐时期室内设计元素有所掌握。

【思考练习】

(1) 谈谈你对魏晋南北朝至隋唐建筑的认识。

(2) 魏晋南北朝至隋唐室内顶棚的做法有哪几种？

(3) 魏晋南北朝至隋唐室内主要的陈设品有哪些？

第6章
宋、元建筑室内空间
——室内设计的成熟期

知识目标

熟悉中国宋、元时期建筑的发展概况，掌握宋元时期室内空间在装饰装修上的特点及宋元家具与陈设在室内设计中的运用。

重难点提示

宋、元时期室内空间在装饰装修上的特点；宋、元家具的区别；室内陈设的运用。

【引言】公元907年唐灭亡，至公元1367年元灭亡，中国经历了五代十国、宋、辽、西夏、金、元等朝代的更迭。其间，地方割据、多国鼎立和少数民族频繁入主中原，成为这一时期的特点。受此影响，这一时期的中国建筑艺术出现了多种风格交融、共存的局面，新的建筑类型和风格不断涌现。

五代十国延续了晚唐的建筑风格；宋代在建筑领域有重要的发展，宋兴起后，辽中晚期的建筑又受到宋代建筑的影响，西夏建筑则同时受到西域建筑和汉地建筑的影响，别具特色。

由于领土广阔以及受宗教信仰和民族风俗等因素影响，元代以后，产生了一些新的建筑类型，如喇嘛塔、盝形屋顶等。汉族固有的建筑形式和技术在元代也有所变化，如在官式木结构建筑上直接使用未经加工的木料等，它们使元代建筑有一种潦草直率和粗犷豪放的独特风格。

6.1 建筑空间的发展概况

979年宋太宗统一了中原和南方地区，宋朝在经济、文化、对外开放上取得了很大成就，宋朝首都的街坊制度与前朝不同，沿街的高墙被商店、茶楼、酒馆、药肆、戏台、作坊取代。

宋代城市繁荣，手工业发达，市民阶层的壮大，对建筑艺术产生了很大的影响。建筑风格上变唐代雄伟质朴为秀美多姿。宋代城市里突破了里坊制的限制而使规划布局出现重大变化。图6.1所示的清明上河图反映的是当时汴京城的繁荣景象。

1. 都城与宫殿

位于运河、黄河交汇的汴京继长安洛阳后成为北宋首都。汴京城池宫阙均在旧城衙署基础上改建，有外城、内城、宫城三重，城内遍布商业店铺，人烟稠密，宫廷正门两旁建阙楼，

图6.1 清明上河图（局部）

御街可直观内外城之南门，两旁开渠种莲，栽植花树，长廊排列，华夏壮观，城北还建有艮岳，西城门外有琼林园、金明池等皇家园林。

金代燕京城在今广安门一带，元定都后废弃旧城另以琼华岛为中心重新规划修建都城，以南北方向中轴线为对称轴左右展开，宫廷位于中轴线主要部位。前部以大明殿为中心，大明殿面宽一间，后有走廊接大明后殿，坐落在三层工字形的白石高台上，殿顶铺琉璃瓦，庄严宏伟，为朝会之所；后部以延春宫为中心，左右分布东西宫，是帝王以及后妃日常居寝的地方。元宫廷主要是汉族传统样式，但也有维吾尔殿、棕毛殿等带有少数民族风格的建筑。有的殿堂内壁上悬挂毛皮，地上铺地毯则体现了游牧民族的习惯，大都及皇城内还利用天然湖泊构成园囿，使城市宫苑更加优美。

2. 宗教建筑

这一时期的宗教建筑可分为佛教、道教、宗祠建筑3个类型。具有代表性的有：山西太原的晋祠圣母殿(图6.2)、河北正定隆兴寺、天津独乐寺观音阁、山西大同的善化寺等。

山西太原晋祠是一所祠庙建筑，在山西太原西南郊，原为纪念周武王次子叔虞而建。现存的圣母殿是祠内少数几个仍为北宋原物的建筑，面阔七间，进深六间，重檐歇山顶，屋脊略带曲线。殿身部分面阔五间，进深三间，室内无柱。殿身环以柱廊，左右和后方进深一间，前廊进深两间，减掉四柱，更加宽敞。前廊八根柱子上雕蟠龙，角柱有明显的侧脚和升起，其斗拱做法讲究，下檐出挑的华拱外端成昂嘴形，是现存最早的昂形华拱实例，殿内有宋代彩塑圣母及妇侍43尊，殿前泉水上筑有十字形石桥，整个祠庙落于浓阴曲水的环境中，丰富园林情致，体现了宋代优美柔和的建筑风格。

图6.2　晋祠圣母殿

正定隆兴寺内的大悲阁(图6.3)，又叫佛香阁、天宁阁。这座木结构楼阁式建筑物处于隆兴寺的后部，始建于宋代开宝四年(971年)。后来，金、元、明、清各代，都对这座楼阁进行过维修。初建时的大悲阁面宽七间，进深五间，高三层，33m，五檐歇山顶。阁内有木制楼梯从底层直达楼顶。1944年重修后的大悲阁高度仍然为三层，33m，仍然是五檐歇山顶，屋面上铺着绿色琉璃瓦，阁内仍然有楼梯从底层直达阁顶，但面积缩小了，面宽由原来的七间缩减成五间，进深由原来的五间缩减为三间，占地面积比原来缩小了1/3。集庆阁、大悲阁、御书楼三阁并列，这是宋代佛寺建筑的典型布局。

图6.3　正定隆兴寺内的大悲阁

天津的独乐寺(图6.4)始建于唐代，在辽代

图6.4　天津独乐寺外观

重建，主要建筑——观音阁是我国现存年代最早的木结构楼阁建筑。阁顶为单檐歇山顶，出檐深远有力，平面面阔五间，进深四间，中心减去两柱，形成内外槽构造。外观两层，腰檐内暗含一层，内部结构条理清晰，24类斗拱各司其位，暗层的斗拱在外观上成为"平坐"。第二、三层柱子又立于下层柱头半拱之上，称为"叉柱造"，其位置稍微内缩。三层用梁分明栿和草栿，且均为直梁。第二、三层中间开有空井，二层的为方形，三层的为六边形，中空作套筒式，一尊16m高的泥塑观音直达殿顶，此阁形象兼具雄健及柔和之美，

图 6.5　天津独乐寺内部空间

图 6.6　善化寺大雄宝殿

反映了辽代寺庙既继承唐代风格，又受北宋影响的风格特征(图 6.5)。

山西大同的善化寺始建于唐代，在辽、金时重建。寺中的大雄宝殿(图 6.6)、三圣殿是我国木构建筑的重要遗物。大雄宝殿面阔七间，单檐庑殿顶，屋脊略带曲线，内部进深五间，第二、三两排柱子各减去中央四根，前槽形成专供礼佛用的前敞厅，内槽内供五尊泥塑坐佛，中央主佛顶部采用藻井，大雄宝殿加高内柱，与空间形态保持一致，外槽的梁一端架于外柱斗拱上，另一端与内柱身相交。宋、辽、金后多用此法。

山西洪洞县的广胜寺是元代传统佛教建筑的代表，有上寺、下寺之分。下寺中有几处原貌保存较好的建筑，是元代木构的典范。下寺的正殿是悬山式，面阔七间，建于 1309 年，其斗拱用料明显减少，但还没完全沦为装饰，柱列设置运用了流行的"减柱法"和"移柱法"，除了中央四柱外，前排左右各减两根立柱，后排左右各减一根，并将各剩的一根移至开间中央，这样，前后间的梁只能有一端支撑在前后檐柱上，朝内的一端无法架在内柱上。只能向上斜起并支撑在内额枋上，内额枋因而增加了尺寸，前部不得不采用上下重额枋构造，后世仍得在其中央添补支柱以支撑重力。

佛教建筑中，塔刹为一项重要内容。在这一时期，从材料上分，一般可分为砖塔、石塔和木塔等不同类型；从式样上分有单座塔、密檐式塔和阁楼式塔；从平面上分，又分为方形塔、六边形塔、八边形塔等。这一时期重要的塔有：应县佛宫寺释迦塔、江苏苏州报恩寺塔、五代苏州虎丘山云岩寺塔、内蒙古巴林左旗辽庆州白塔、福建泉州开元、河北正定开元寺塔、北京妙应寺白塔等。

阁楼式塔构造多以木料建成，所以保存下来的较少，现存的有山西应县佛宫寺木塔(图 6.7)，建于辽代清宁 2 年，塔高 67.1m，五层六檐，外观八角五层，但二层以上内部又有暗层，故实为九层，二层以上每层出平座，设游廊栏杆，八面凌空可供眺望，塔体结构巧妙。是我国保存最早和最高、最大的木塔，也是世界上保存最高的古代木构建筑。

开元寺料敌塔，建于北宋，正定地处宋辽边界，此塔可供宋兵瞭望，故名。塔分八角十一层，每层用砖叠涩挑出短檐，高达 84m。宋代砖塔多转向玲珑华丽，但此塔明快简洁朴实无华，是最高的古塔。

喇嘛塔主要建于喇嘛寺院内，这种塔有高大的基座，巨大的圆形塔肚，塔顶竖很长的塔颈，塔顶上有圆华盖。我国现存最早、造型最优美的喇嘛塔是北京妙应寺白塔，(图 6.8)白塔位于北京市西城区，始建于至元九年(1272 年)，原是元大都圣寿万安寺中的佛塔，该寺形制宏丽，于至元 25 年 (1288 年)竣工。寺内佛像、窗、壁都以黄金装饰，元世祖忽必烈及太子真金的遗像也在寺内神御殿供奉祭祀，至正 28 年 (1368 年)寺毁于火，而白塔得以保存，明代重建庙宇，改称妙应寺。由塔基、塔身、塔刹三部分组成，塔身不用雕饰，而轮廓雄浑，气势磅礴，是我国古代喇嘛塔中的杰作。

 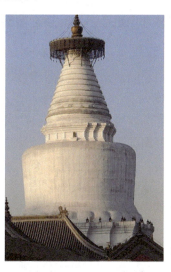

图 6.7　山西应县佛宫寺木塔　　图 6.8　北京妙应寺白塔

金刚式塔的形式奇特，来自于印度。现存的主要金刚塔有北京香山碧云寺和西黄寺的两座，云南炒堪寺的一座，河北正定县广惠寺的一座。经幢是佛教建筑中的一种新的类型，它是 7 世纪后半叶随着密宗东来而出现的，经幢在寺庙被放置殿前，有的单置，有的双置，宋辽时期经幢不仅采用多层形式，还以须弥座和仰莲承托幢身，其雕刻日趋华丽。

道教在东汉末年兴起，它同佛教一样在各地修建大量宗教建筑，称为"宫"或"观"。始建于西晋的玄妙观 (图 6.9)位于江苏苏州，主殿为三清殿，是南宋时期建造的，我国现存最大、最古老的道教建筑之一，供奉元始天尊、灵宝天尊和太上老君三尊泥塑金装像。该殿为重檐歇山顶，面阔九间，进深六间，是国内最高、最大规模的道观建筑。70 根柱位无一减缺，斗拱做法独到。

图 6.9　始建于西晋的玄妙观

知识链接

金刚宝座式塔是从印度传进来的又一种塔形，其基座是一个长方形的石质高台，台上建五座小塔，中央的塔较大，四角上的塔较小。

3. 园林建筑

宋朝的私家园林随着地区的不同，已开始具有不同的风格，北宋洛阳的园林，一般规模较大，具有别墅性质，引水凿池，盛植花卉竹木，园中垒土为山，建有少数堂厅水榭，散布于山池林间，利用自然环境，采用借景手法，使整个园林更加宏阔，层次丰富多变，宋元时期的园林意识正是明清时期造园盛况的良好铺垫。

4. 陵墓建筑

宋陵（图6.10）的基本形制，陵本身一般为垒土方锥形台，称为上宫，四周绕以神墙，各墙中央开神门，门外为石狮一对，在南神门外有排列成对的石像，最南为石柱和栏台，越过广场前端为阙台形主入口，在上宫的西北建有下宫，作为供奉帝后遗容、遗物和守陵祭祀之用。

宋陵与前朝各代的陵墓有着明显不同，具有自己特点：第一、宋陵在形制上大体沿袭唐陵的制度，但宋陵规模较小；第二、宋陵明显的是根据风水来选择陵址；第三、各陵占一定地段，称为兆域，在兆域内布置上宫、下宫和陪葬墓，兆域以荆棘为篱，其范围内遍植柏树，包括上宫的陵台，常绿覆盖。

图6.10 宋陵遗址

5. 建筑著作

宋元时期出现了完整的建筑系统的著作，有些建筑家名字流传下来。北宋初，木工喻浩曾著有《木经》（已失）。1103年李诫主持编写的《营造法式》（图6.11）是中国古代木构建筑发展到成熟和鼎盛时期的不可多得的文献。它全面条理地编订了建筑设计、结构、用料和施工规范，图文并茂，并总结了一千多年来的实践经验，是史上第一次采用国家颁布的形式对建筑进行规范，其中重要的规定就是模数制的确立，方便了房屋的建造，为以后历代所继承。

图6.11 《营造法式》局部内容

6.2 建筑装饰与室内装修

宋、辽、金时的建筑，包括许多较大的殿堂，都不作吊顶，而是将梁架暴露在外，以表现梁架的结构美，这种做法在《营造法式》中被称为"彻上露明造"。也有作吊顶者，并称其为天花，虽然遮挡了梁架，但能使空间显得更加整齐和完美。天花形式有两种：一称平闇，一称平棊。平闇是以东方木条组成方格网，再在其上加盖板，板子不施彩，现存的实例是辽代独乐寺的观音阁，平棊也可写成平棋，它以间阔和步架为准，四周做塭枋，埤枋上面钉背板，大致如棋盘。藻井大都用在佛殿或宫室，是用顶部的构件架构并装饰的。藻井有斗四与斗八两种，宋代多为斗八，即将方形的四角抹斜，形成八角，再在上面支架八楞，收成八角攒尖，浙江宁波保国寺就是斗八藻井，上下各有斗拱，托着8根楞木，顶呈半圆形 (图6.12)。

图6.12　浙江宁波保国寺藻井

建筑的墙面、柱面以云石、琉璃装修，还常常包以织物，甚至饰以金银，元代已大量用金箔。建筑立面的柱子其造型除有圆形、方形、八角形之外，还出现了瓜楞柱，并且大量使用石柱，腰柱的表面往往镂刻各种花纹，柱础的形式在前代覆盆及莲瓣的基础上趋于多向化。

元代建筑的地面有砖的、瓷砖的、大理石的，但更多的是铺地毯。

建筑上大量使用开启的，窗棂条组合极为丰富的门窗，有极强的装饰效果，门窗棂格的纹样有构图富丽的三角纹、古钱纹、球纹等，这些式样的门窗，不仅改变了建筑的外貌，而且改善了室内的通风和采光。

雕刻技术成熟于唐，至宋代已广泛用于室内外，室内的石雕多为柱础和须弥座，木雕是中国传统建筑中常用的装饰，从《营造法式》可以看出，宋时木雕已有线刻、平雕、浅浮、高雕和圆雕等多种。砖雕有两类：一类是先模制后烧造，另一类是在烧造好的砖上雕花饰。

与唐代相比，辽、宋斗拱纤细柔弱，装饰作用日益突出，不像唐代斗拱那样具有雄厚、疏朗的风格。

宋时彩画也与唐代建筑风格由质朴转向华丽相对应，也渐趋繁荣，按《营造法式》的说法，可以从色彩的角度分为三大类：第一类称"五彩遍装"，做法是在构件的边缘用青或绿色叠晕轮廓，中间以朱色衬底 (或者用朱色叠晕轮廓，用青色衬底)，在衬底上面五彩花饰，或同时使用金色，其形象比较华丽。第二类称"碾玉装"，特点是以青绿色为主调，除《营造法式》的构图之外，辽代彩画，有在梁底部和天花板上画飞天、卷草、凤凰和网目纹的，这一时期，室外彩画的范围广泛，不仅包括梁、额、枋，而且还包括椽、斗拱、柱子等。与唐代彩画相比，宋及宋后的彩画有以下特点：从部位看，以栏额为主，有些斗拱有彩画；从纹样上看，以花卉和几何纹为主，花卉接近写生画。这可能与宋代花鸟盛行有关；从色彩看，以青绿为主调，不像以前多用暖色；从构图来看，布局更显得自由，相同的图案用于不同的部位，同一个部位又可使用不同的图案；从技法看，叠晕、对晕法已经普遍应用，到明清则成为主要配色方法。

6.3 室内家具

图 6.13 《重屏会棋图卷》中的家具

图 6.14 梁柱式箱柜

始于东汉末年，经两晋南北朝兴起的垂足而坐的起居方式，到两宋已完全普及至民间。由此，桌、椅、凳、床、柜、案等各种高形家具便普遍地流行起来（图6.13）。除此之外，还出现了一些新的家具，如圆形和方形的高几、琴桌、炕桌，以及专供私塾使用的儿童椅、凳、案和为了适应宴会要求而制作的长桌、连排椅，室内空间也相应的有所变化。

造型上，由于受建筑木作的影响，在隋唐时流行的壶门式箱柜结构已被梁柱式箱柜结构替代。桌案的腿、面交接开始采用曲形牙头装饰，一些桌面四周还带镶边，有些桌面下部做束腰，有些桌椅腿呈弯曲状，端部做成内翻或外翻的马蹄形，腿的断面有方形、圆形等多种。装饰线脚的应用更加普遍，这就使家具的造型更丰富（图6.14）。

风格方面，以简洁、挺秀为特点，与唐代的富丽、豪华大不相同。两宋床榻，大体上依然保留着唐与五代的遗风，但更显灵活、轻便和实用，不似唐代壶门大床那样庞大和厚重。

宋代已普遍使用椅子。河北巨鹿出土的坐具最具代表作，其结构、造型和高度与现代椅子很接近。该椅子为搭脑出头靠背椅，是宋代坐椅中流行较广的形式。从总体看，宋代椅子（图6.15）是十分讲究的。宫廷的倾向华丽，上有彩绘花纹，下有官吏和平民，倾向精致，结构也比较合理。

室内布置，一般厅堂在屏风前面正中置椅子，两侧各有四椅相对，或仅在屏风前侧置两圆凳，供宾客对坐，书房或卧室家具一般不对称式布局。造型在室内装饰方面，出现了成套的精美家具，例如堂的布置，一般迎门对面为一大屏风，豪华气派，有的还很奢侈，上嵌有宝石，造型一般为对称式，在屏风前置一把交椅，招待宾客时为主人座位，在交椅前两侧对置座位，是为客人而设的座位。在室内除了有精美的家具外，还有各种字、画的装饰。随着我国绘画艺术在五代、

图 6.15 宋画《秋庭戏婴图》作品中的家具

第6章 宋、元建筑室内空间

宋代时期的繁荣，室内字画也成为一种时尚，在淡化的位置布置一副字画是富豪人家必不可少的，既丰富了室内的视觉效果，同时又折射出主人文化修养和艺术品位。

元代家具在宋辽的基础上缓慢发展，没有什么突变，只是在类型结构和形式上有些不大的变化 (图 6.16)。交椅在元代家具中地位突出，只有地位较高的有钱有势的人家才有，它们大多放在厅堂上，供主人和贵客享用。《事林广记》的插图中有交椅的形象，还可见桌、案、罗汉床、双陆棋盘和长形脚踏等 (图 6.17)。元代家具中有一种带抽屉的桌子，见于山西元县北峪口元墓壁画，该桌造型奇特，为此前所少见。

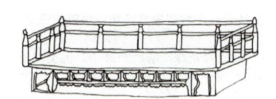
图 6.16　辽代的桃形沿面雕木床

图 6.17　元《事林广记》插图中的家具

6.4　室内陈设

宋、元工艺美术为了适应贵族及社会不同阶层的需要和商品经济的活跃而有了新的发展，官府中所设手工业管理机构 (如宋代的少府监) 更为庞大，并有细致的分工，所制产品大多不惜工本，精美异常，工艺美术发展水平高于辽金。元代贵族使用的奢侈品生产最为突出，工艺美术发展则是不平衡状态。这个时期陶瓷工艺成就最为辉煌，染织、漆器等已有相应的发展与提高。工艺美术的长足进步，也大大地推动了室内陈设艺术的发展。

宋代工艺美术的成就以陶瓷为首。瓷窑遍及全国，除供应宫廷贵族高档瓷制品的官窑外，还有许多水平很高的民窑。多数论瓷者常把汝窑、官窑、哥窑、钧窑和定窑称为宋代的五大民窑，其实，流行于民间的磁州窑 (图 6.18)、吉州窑等也以独特的、清新质朴的产品风格占有重要的地位。元代生产的瓷器大都出自民间尤其是江西景德镇 (图 6.19)。元代的瓷器有青花、釉里红、红釉和蓝釉等品种，其中以青花最著名，元代的青花瓷器，质地

图 6.18　宋代磁州窑

图 6.19　元代青花瓷

图 6.20　宋代漆器

呈豆青色，淡雅清新，其上以蓝色绘制人物、动物和花卉，更显华美和名贵。

宋代漆器的总体风格与宋瓷一样，是以造型取胜，着重边线器物的结构比例和韵律，朴素无华而较少繁缛的装饰(图 6.20)。

宋代织物多种多样，纹饰活泼，不仅用于服饰，还大量用于书画装裱和室内陈设。

宋代经济繁荣，文化科学发达，人们更加重视现实生活和眼前利益，也更加向往自然，介入自然。于是，与商业、游乐气氛格格不入的宗教画和教化、助人论的作品日益减少，取而代之的是能够表现自然，能起"卧游"作用，能够吸引主顾、愉悦宾客、装饰性强、欣赏性强的山水画与花鸟画。

在元代，织物在室内环境中的用途是非常广泛的，主要用途有帐幕、地毯、挂毡、天花、屏风和挂画等。

宋代灯具以陶瓷灯具为主，从出土灯具看，宋代的瓷灯比隋唐的矮小，但类型丰富，基本形式是直口或敞口，口沿较宽，腹部或直或弯，下有较高的圈足，装饰纹样多为花草，釉色以黑釉、青釉、绿釉、黄釉为主。

元代，对外交通发达，文化交流增加。在频繁交往中，吸收了外来技术，不断推出新的产品，大大丰富了工艺品的品种和形式。元代的宫廷陈设中，金银制品占有主要地位。同时，元代仍然使用屏风，并以挂画作壁饰。

本 章 小 结

宋元时期是中国封建社会建筑的成熟阶段。本章从宋元建筑发展概况、建筑装饰与室内装修、家具与陈设、彩画等几个方面进行了阐述。对宋元建筑室内空间的装饰与装修进行了重点介绍。

本章的教学目标是使学生掌握宋元时期的各种建筑风格及其室内装饰装修上的特点，以及对以后建筑与设计的影响。

【实训课题】

(1) 内容及要求。

① 走访周边古迹收集宋元时期的文物，分类列表做好记录。并找出那时期的特点，写一篇不少于 800 字的调查报告。

② 宋、元家具临摹。要求运用马克笔、彩色铅笔或其他工具等手绘家具结构图。

(2) 训练目标：对宋、元设计元素有所掌握。

【思考练习】

(1) 谈谈你对宋元建筑的认识。

(2) 宋元室内顶棚的做法有哪几种?

(3) 宋元室内主要的陈设品有哪些?

第7章

明清建筑室内空间
——古典室内设计的完善与终结

知识目标

熟悉中国明清建筑的发展概况,掌握明清时期室内空间在装饰装修上的特点及明清家具与陈设在室内设计中的运用。

重难点提示

明清时期室内空间在装饰装修上的特点;明清家具的区别;室内陈设的运用。

第7章

明清建筑室内空间

【引言】明清是中国古代封建社会的最后阶段，1368年朱元璋建立了明朝，守旧压抑、闭关锁国，历时276年。1644年，满人入关，建立清朝，社会文化的保守使得与西方的差异进一步拉大。明清建筑，延续古代建筑传统并继续发展，在定型化和世俗化方面有了新的突破，并获得了不小的成就。

7.1 建筑空间的发展概况

明清都城、公园、坛庙与陵墓的建造，设计思想体现在皇权与神权，但因集中了财力、物力及能工巧匠，所以反映了当时建筑艺术的巨大成就。由于制砖技术的进步，明清建筑大部分改用砖砌，深远出檐失去了原有的作用，斗拱也彻底沦为装饰性构件，显得十分小，但排列密度增加(图7.1)，这增加了结构的负担，所幸可以通过彩画艺术加以掩饰。这一时期成为中国古代建筑发展史上的又一高峰。

图7.1 明清装饰性斗拱彩画

1. 都城与宫殿

明永乐皇帝于1403年迁都北京。在元大都的基础上改建、扩建了北京城。明清北京城(图7.2)以宫城为中心，向外为皇城，形成了三重城垣的结构。宫城位于都城中心，面积72万余平方米，是皇帝听政、主持庆典和帝后起居的场所。北京的规划和宫殿的布局，以一条贯穿南北长达7.5km的中轴线为基准，构思的核心是使宫殿、御花园居全城核心，使主要建筑位于中轴线上，以充分体现皇权至上的思想，并符合封建礼制的规范。

图7.2 北京故宫鸟瞰图

2. 坛庙建筑

为表示"敬天法祖"的思想，明清北京城修了许多祭祀性的坛庙，包括太庙、社稷坛、天坛、地坛、日坛和月坛。这里面，以天坛(图7.3)的气势最大，艺术性最高，是皇帝祭天和祈求丰收的场所。除北京的坛庙外，清代重修的曲阜孔庙，新建的陕西张良庙，安徽合肥的包公祠等，建筑规模和艺术水平也都很可观。祭祀祖庙的家庙，建于清代且较著名的有浙江诸暨的边氏祠堂、广州的陈家祠等。

图7.3 北京天坛祈年殿内景

3. 园林建筑

园林分为皇家园林与私家园林。皇家园林是皇室成员休息游乐的地方，也兼有行宫的功能，明代主要有皇城西部的西苑，清代除扩建了西苑外，还在京西一带修建了圆明园、长春园和清漪园，并在承德修建了避暑山庄。慈禧时重修清漪园改名为颐和园，以万寿山与昆明湖为主体。私家园林在明清兴盛，以苏州和扬州之园名声最大。苏州著名的园林有明代的拙政园、留园、清代的怡园、网师园等。扬州著名的有何园、个园等，都经奇思异想，均有巧夺天工的成就 (图 7.4)。

4. 宗教建筑

明清时，各种宗教并存发展。其中佛塔以 3 种为主要代表，一种是楼阁式砖塔，外壁以玻璃装饰，如山西的广胜寺之塔；另一种是兴于元朝的喇嘛塔；第三种为金刚宝座式塔，如北京的大正觉寺 (即五塔寺)(图 7.5)。

喇嘛教建筑在清代发展很快。著名的有甘肃夏河拉卜楞寺，外观庄严瑰丽，经堂内神秘幽暗，是佛寺与经学院相结合的喇嘛教建筑。北京的雍和宫、承德外八庙等也是成就很高的实例。

伊斯兰教建筑在明清时已发展得很具中国特色。其基本形式有两种：一种是内地回族礼拜寺；一种是维吾尔族的礼拜寺。

5. 陵墓建筑

陵墓建筑现在主要指明清皇家陵墓。明十三陵中，长陵居中，迎门大殿为享殿，是我国现存最大的木结构建筑，具有特殊的艺术价值。清代皇陵集中于东陵与西陵。帝陵一般由三个部分组成，第一部分为碑亭、神厨、神库等；第二部分为享殿和配殿；第三部分为明楼、宝城等。帝陵附近有皇后和妃嫔的园寝。例如，清慕陵是道光的陵墓，隆恩殿的天花及隔扇均由楠木制作 (图 7.6)。

> **知识链接**
>
> 天坛始建于明永乐 18 年，主要建筑由圜丘、祈年殿、斋宫及神乐署组成。

图 7.4　明清园林一角

> **知识链接**
>
> 中国四大名园是拙政园（苏州）、颐和园（北京）、避暑山庄（承德）、留园（苏州）。

图 7.5　北京的大正觉寺五塔

图 7.6　清慕陵隆恩殿室内

6. 住宅建筑

明清住宅多种多样，难以分类，除少数民族民居外，仅汉族民居就有北方院落民居、皖南民居、天井民居、福建客家民居、西南干阑民居和西北窑洞民居等诸多种类(图7.7)。

综合上述情况不难看出，虽然明代社会矛盾重重，清代又列强侵掠，但明清两代在建筑上取得的成就绝对是前所未有的。

图 7.7　福建泉州民居门厅侧天井

7.2　建筑装饰与室内装修

明清时期，建筑装修与装饰迅速发展，并已成熟。为确切了解建筑装修与装饰的情况，首先说明一下官式建筑与民间建筑的区别。

官式建筑指以北京为中心，流行于华北地区的建筑，包括官方的宫殿、坛庙、园林和王府，也包括直接受其影响的民居和店铺。官式建筑的特点是，承袭唐宋传统，吸收外地经验，形成了一套相对稳定、水平极高的体系。

民间建筑指由民间工匠建造的、受传统做法影响较少的建筑，包括民间的祠堂、寺观、民居等。有一些民间建筑，为显示家族和个人的财势，也做得相当繁缛和绝俗(图7.8)，但在民间建筑中，终归是少数。

图 7.8　福建泉州民居宅厅堂梁架

明清建筑还有"大式"与"小式"之分。大式建筑一般指有斗拱的高级建筑；小式建筑则指没有斗拱的一般建筑。明清建筑等级森严，不同类型、不同级别的建筑，其装修、装饰大不相同。

7.2.1　界面装修

1. 顶棚

大式建筑的顶棚有以下几种做法。

(1) 井口天花。即在方木条架成的方格内(图7.9)，设置天花板，在天花板上绘彩画，施木雕，或用裱糊的方法贴彩画。井口天花应用范围较广泛，除大式建筑外，也用于某些等级较高的小式建筑。

(2) 藻井。有斗四、斗八和圆形多种，多用于宫殿、庙宇的脚座和佛坛上。明清藻井的技术

图 7.9　慕陵隆恩殿井口天花

和艺术水平远远高于以前的朝代，紫禁城太和殿、天坛祈年殿及皇穹宇的藻井都是典型的佳作(图7.10)。

(3) 海漫天花。海漫天花又称软天花，其做法是在方木条架构下面，满糊苎布、棉榜纸或绢，再在其上绘制井口天花的图案(图7.11)。

(4) 纸顶。简易的大式建筑，可在方木条结构的下面，直接裱糊呈文纸，作为底层，再在其上裱糊大白纸或银花纸，作为面层。纸顶更多的是用于一般住宅，其骨架往往不是方木的，而是用高粱秆绑扎的。

图7.10　北京故宫太和殿藻井　　图7.11　北京故宫海漫天花

在一些造型比较自由的廊轩中，有时根本不做吊顶，而是故意将椽、瓦等露出来。这种做法更显质朴，称为彻上露明造(图7.12)。

2．墙面与柱面

内墙面可以是清水的，即表面不抹灰，但更多的是在内墙面上抹白灰，并保持白灰的白色。

内墙面可以裱糊，小式建筑常用大白纸，称"四白落地"。大式建筑或比较讲究的小式建筑，可裱糊花纸，有"满室银花，四壁生辉"的意义。有些等级较高的建筑，特别是高级住宅，可在内墙的下部做护墙板。一般做法是在木板表面做木雕、刷油或裱锦缎。

柱子是建筑中的主要结构构件，但同时也具有重要的装饰功能。表面大多做油饰(图7.13)，既是为了保护

图7.12　江西俞氏宗祠木构架　　图7.13　安徽黟县宏村民居中的柱子

木材，也是为了美观。柱子的颜色十分讲究，京城一带尚红色，清朝中期之后，又逐渐按柱的断面形式分颜色，圆柱多用红色，用于住宅及园林回廊的方柱则用绿色。

3．地面

明清建筑的室内，多用砖地面，从实物和绘画资料看，以方砖居多，有平素的，也有模制带花的。民间基本上为青色。

7.2.2 门窗雕饰

古建筑的门窗,是室内外装修的重要内容,门主要有两种类型:板门与隔扇门。板门一般用于建筑大门,由边框、上下槛、横格和门心板组成。门框上的有走马板,门框左右有余塞板。隔扇门(图7.14)一般作建筑的外门或内部隔断,隔扇大致分为花心和祥和裙板两部分,是装饰的重点所在。另外,隔扇也可以去掉下面裙板部分做窗,称为隔扇窗,在装饰效果上与隔扇门一起取得整齐协调的艺术效果。花心也即隔心,形式丰富多样,是形成门的不同风格的重要因素,花心有直棂、方格、柳条式、杂花等样式。裙板一般为雕刻,图案复杂多样。雕饰用于外檐,石雕主要用于神坛的须弥座和柱础。明清石雕柱础式样丰富,远远超出宋《营造法式》的规定。不仅民间建筑如此,就连官式建筑也选用了多种多样的造型和花饰。

明清木雕题材多样,技法纯熟,在室内已经成为分隔空间、美化环境不可缺少的要素。

图7.14 云南大理白族民居的隔扇

明清木雕有五大流派,即黄杨木雕、硬木雕、龙眼木雕、金木雕和东阳木雕。其中的硬木雕,多用红木、花梨、紫檀等名贵木材,因质地坚硬,纹理清晰,沉着稳重,而极受人们的青睐。其技法与石雕相似,也有线刻、阳活(浮雕)、镂空、大挖(透雕)等多种。

梁柱雕刻大多采用比较经济简便的手法,目的是"软化",给本来只有结构功能的构件赋予一种更加美观的形式。

明清建筑,匾额颇多。匾指横向者,额指长向者,匾额适中,也常用木雕做装饰。

7.2.3 雀替和斗拱

雀替和斗拱(图7.15)均为我国古建筑中的结构构件。雀替位于梁枋下与柱相交,结构上可以缩短梁枋净跨距离,在两柱间称为花牙子雀替,在建筑末端,由于开间小,柱间的雀替联为一体,称为骑马雀替。斗拱由方形斗、升和矩形的拱、斜的昂组成,在结构上挑出承重,并将屋面载荷传给柱子。与唐、宋、元代相比,明清斗拱的变化主要有4点:一是尺度变小,高度降低,出挑减少,外观由硕大变纤小;二是补间科(宋称补间作)增多,由唐代的一朵没有,到宋代的二三朵,变为此时的最多11朵,使檐下斗拱密密麻麻,再无疏朗的感觉(图7.16);三是结构作用失去大半,本来的结构构件几乎成了纯装饰;四

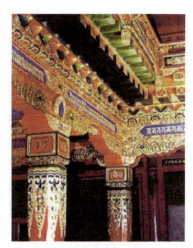

图7.15 藏式建筑的柱、枋与雀替

图7.16 四川成都武侯祠昭烈殿撑拱

是斗拱种类、用料和做法高度标准化，制作时省却了很多繁杂的计算工作。

7.2.4 装饰纹样

明清的装饰纹样(图 7.17)，见于雕刻、彩画、门窗、隔断和纺织品，十分繁杂，但有明显的共性：一是题材丰富，可以说，上至天文，下至地理，无所不包，具象抽象，不胜枚举；二是较为世俗化，更加贴近生活，贴近实际，不独为皇宫、神庙所有；三是大多寓意祥瑞，寄托人们美好的理想与愿望。

图 7.17　徽州民居中的木雕"驼梁"

7.3　室内家具

家具的类型与式样除了满足生活需要外，与建筑有着密切的联系，是室内设计的重要组成部分。明式家具继承和发扬了唐代家具的传统。有 3 个大的产地，即北京皇家的"御用监"和民间生产中心苏州及广州。其材料为我国南方出产的和海外进口的优质木材，常用材种为紫檀、花梨、铁梨木(图 7.18)、杞梓木、红木(酸枝)、乌木和鸡翅木。

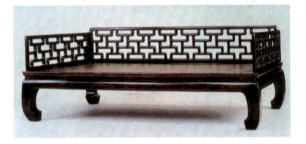

图 7.18　明铁梨木罗汉床

明式家具的造型有束腰和无束腰两类，大都采用榫卯结构，榫卯形式有龙凤榫卯加穿带、攒边打槽穿板、楔钉榫、抱扇榫、夹头榫和走马榫等。

明式家具的成就和特点有以下几点：① 讲究功能，注重人体尺度和人体活动的规律，注重内容与形式的统一；② 造型优美，比例适宜，刚柔相济，外表光洁，干净利落，庄重典雅，繁简得体，统一之中有变化；③ 结构合理，符合力学要求，榫卯技术卓越，做工精巧，不用钉，少用胶，连接牢固；④ 用材讲究，重纹理，重色泽，质地纯净而细腻；⑤ 具有很高的文化品位和中国特色，在选材、加工等方面，体现了尊重自然、道法自然的精神(图 7.19)。

清式家具的主要特点是：追求体量、厚重有余，俊秀不足，有一种沉重感(图 7.20)；注重装饰，纹样吉祥，滥施雕刻，杂用镶嵌，争奇斗巧，以致忽视了造型、功能和结构的合理性；模仿西方家具的款

图 7.19　明花梨木南官帽椅　图 7.20　清紫檀描金太师椅

式和纹样(图7.21)也是清式宫廷家具的一大特点。乾隆时，圆明园内的不少家具，采用西番莲、海贝壳等西式纹样，采用西式建筑中的花瓶栏杆、蜗形扶手、兽爪抓球等部件。而广州等地，由于已有西洋人经商，洋行、商行、商馆中则出现了完全照搬的西式古典家具。

在家具布置方面，明清贵族住宅中，重要殿堂的家具都采用成组成套的对称方式，而以临窗、迎门的桌案为布局中心，配以成组的几椅，或一几二椅，或二几四椅等，居室、书斋等不拘一格，随意处理(图7.22)。

明清时期，室内隔断形式在空间中占据了重要的地位。其中以"罩"最为突出，在室内起隔断和装饰的双重作用，既分隔了空间，又丰富了层次，隔而不断。按罩的不同通透程度可分为飞罩(图7.23)、落地罩、栏杆罩、几腿罩、壁纱罩、挂落、帷幕等。博古架是其中更为独特的一种隔断形式(图7.24)，又称多宝格，因中间有许多可以陈设古

图7.21 清太宗皇太极御用鹿角椅

玩、器皿、书籍的空格而得名，既是一种与落地罩相近的空间分隔物，又是一种具有实际功能的家具，它常由上下两部分组成，上部为大小不一的格子，下部为封闭的柜子，柜门上有精美的雕刻。

图7.22 明清家具的组合形式

图7.23 苏州拙政园留听阁内的"松竹梅雀"飞罩

图7.24 清式博古架

知识链接

方桌中的大者，边长可至1100毫米，称八仙桌；小者边长约为870毫米，称小八仙桌或六仙桌。

明式家具重视材料的纹理和色泽，在此基础上，又视需要采用断面及攒界、斗簇、雕刻、镶嵌等工艺。明式家具的断面形式十分讲究。腿、杆、抹边、牙板、楣子等都认真推

敲设计。明式家具中的"攒接"是指用杆件搭成一定的图案;"斗簇"是指把若干镂雕的小花板用榫卯组合在一起。除此之外,明式家具还特别重视油漆和烫蜡等工艺(图7.25)。

清式家具主要指乾隆到清末民初这一时期的家具。清式的家具承袭和发展了明式家具的成就,但变化最大的是宫廷家具,而不是民间家具。

清代宫廷家具有三处重要产地,即北京、广州和苏州,它们各自代表一种风格,被称为清代家具的三大名作。广式家具的基本特

图 7.25　明式家具中的"攒接"与"斗簇"

征是,用料粗大、充裕;讲究材种一致,即一种广式家具,或用紫檀,或用红木,绝不掺其他木材;装饰纹样丰富,除传统纹样外,还使用一些西方纹样;常用镶嵌工艺,屏风类家具采用镶嵌工艺者尤多。苏式家具指以苏州为中心的长江下游生产的家具。苏式家具以俊美著称,比广式家具用料省,为节省名贵木材,常常杂用木料或采用包镶的方法。也是镶嵌装饰,题材多为名画、山水、花鸟、传说、神话和具有祥瑞含义的纹样。京式家具以宫廷造办处所作家具为代表,风格介于广式与苏式之间。外形与苏式相似,但不用染料,也不用镶包工艺。

7.4 室内陈设

明清是工艺品、陈设品全面发展的时期,室内陈设的丰富性与艺术性,以前历朝历代无可比拟。

(1) 织物。明代刺绣很发达,到了清代,已有了不同的体系,著名的有苏绣、粤绣、蜀绣、湘绣和京绣,此外还有鲁绣和汴绣。明清绣品有欣赏和日用品两类,前者包括各种壁饰,后者包括椅披、坐垫、桌围、帐檐、壶套和镜套等。

(2) 陶瓷。明代的主要瓷器为白瓷,主要装饰手法为青花、五彩画花,主要产地为景德镇。清代主要瓷种为青花、釉里红、红蓝绿等色釉和各种釉上彩。陶瓷制品包括饮食器、盛器和日用品,属于陈设和玩赏用的有瓶、花尊、花瓢、壁瓶、插屏、花盆和花托,此外,还有一些瓜果、动物象生及陶瓷雕塑等(图7.26)。

(3) 金属制品。明代金属制品中,最著名的是宣德炉(图7.27)和景泰蓝(图7.28)。宣德炉是明王室为祭祀需要和玩赏需要,用从南洋得到的风磨铜铸造的一批小铜器,因其多为香炉,故以"炉"名之。现有宣德炉分为两类:一类是不加装饰花纹的素炉,

图 7.26　清代乾隆时期的龙凤盘与掷果瓶

一类是经过镂刻鎏金等工艺加工的。景泰蓝是一种综合性金属工艺,属珐琅范畴。珐琅就是把玻璃粉末烧在金属器胎上。由于制作工艺不同,又分掐丝珐琅、内填珐琅和画珐琅。明代景泰蓝器物有盒、花插、蜡台和脸盆等。清代出现了一种铁画,就是一种以铁片为材料,经剪花、锻钉、焊接、退火、烘漆等工序制成的一种装饰画。

图 7.27　明代宣德炉　　　　　图 7.28　明代景泰蓝

铜镜到明清时已走入末路,但仍有一定数量。清代已有玻璃镜,但主要用于王府和宫廷。

(4) 插花与盆花。插花与盆花源于佛前供花,又受绘画、书法、造园的影响,是室内环境中不可缺少的陈设。明代的插花与盆花,在元代几近停滞之后,再度兴盛起来,技术与理论已经成为完整的体系。此时的插花比较讲究寓意,如"松、竹、梅"被称为"岁寒三友"。初期,以中立式堂花为主,有富丽庄重之倾向;中期,倾向简洁,常常加入如意、珊瑚等物,更加讲究花与花瓶、几案的搭配;晚期,理论上趋于成熟,出现了《瓶史》、《瓶花谱》等经典著作。清代插花、赏花之风不亚于明代,往往作为精神上的一种寄托还有借谐音赋予吉祥含意,如用万年青、荷花、百合寓意"百年好合";用苹果、百合、柿子、柏枝、灵芝寓意"百事如意"等。

(5) 书画。室内陈设多以悬挂在墙壁或柱面的字画为多。一般厅堂多在后壁正中上悬横匾,下挂堂幅,配以对联,两旁置条幅。作为室内陈设,有鉴赏指引的功能。传递环境信息、揭示环境内涵、标点环境主题。屏刻即在屏壁上书写或雕刻文字;北京故宫的许多殿堂内,常在精致的隔扇夹纱上,镶嵌小幅书法,它们被称为臣工字画;空间环境常用匾额与对联点题,其内容多是寓意祥瑞、自勉寄志的;明末清初,年画盛行,以天津的杨柳青、江苏苏州的桃花坞和山东潍县的杨家埠年画最著名,年画的题材有故事戏文、风土人情、美人娃娃、男耕女织、风景花鸟和神像等,大多寓意吉祥,因此,是居室,特别是农民住屋不可缺少的装饰品。

(6) 灯具。明清灯具比唐宋更丰富,并明显具有实用与观赏双重功能。明清灯具有大量实存,它们造型别致、样式华美,极大地丰富了室内环境的内容。宫灯多以木材制骨架(图 7.29),骨架中安装玻璃、牛角或者裱绢纱,再在其上描绘山水、人物、花鸟、鱼虫或故事。有些宫灯,在上部加华盖,下边加垂饰,四周加挂吉祥杂物和流苏,更显豪华和艳丽。瓷灯的造型多取小壶形,壶口处有圆形顶盖,壶底处连接一个圆柱体,柱下为

图 7.29　清代紫檀宫灯

一个带圈足的宽边圆形盘。金属灯则包括银灯、铜灯、铁灯和锡灯,也包括铜胎镀金灯,造型大多仿古,如驼形、羊形和凤鸟形。玻璃灯曾用于圆明园的西洋楼,一些西方传教士参与了设计与制作,具有中西合璧的特征。

(7)挂屏与座屏。明末出现了一种悬挂于墙面的挂屏。它的芯部可用各种材料做成,但最多的是纹理精美的云石,因为它们可以使人联想到自然界的山水、云雾、朝霞、落日,看似绘画,实则天成,因此,比一般绘画更加耐人寻味,更加情趣。座屏(图7.30),本来是一种家具,明清时,有些人出于欣赏的目的,将其缩小,置于炕上或桌案上,于是出现了专供欣赏的炕屏与桌屏。

图7.30 明黄花梨木大理石芯大座屏

明清时期的室内陈设大致有两种形式:一是对称式,常常用于比较郑重的场所,如宫殿、祠堂及住宅的堂屋等;二为非对称式,常常用于民间以及虽为宫廷、府邸但又相对自由的场所,如书房及庭院的某些休闲性建筑。

相对而言,闺房、卧室、书房的陈设要自由一些。至于普通百姓的家庭,由于经济方面的原因,所受限制就更少。

7.5 彩画与壁画

明清是展示建筑美的高峰时期,手段之一就是大量用彩画。常用的有三大类:和玺彩画、旋子彩画和苏式彩画。

(1) 和玺彩画。是等级最高的彩画,用于宫殿和坛庙的主要殿堂。常用图案为龙、凤和吉祥草,后来又加上了西番莲、灵芝等内容。常用颜色为青、绿、红和紫,主要线条和纹样采用"沥粉贴金"等工艺,以显示金碧辉煌、雍容华贵的气派。和玺彩画还可细分为金龙和玺(图7.31)、龙凤和玺及龙草和玺3种,3种的区别在于图案不同,三者的等级依次下降。

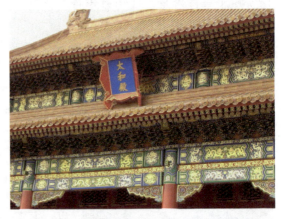

图7.31 北京故宫太和殿的金龙和玺彩画

(2) 旋子彩画。始于明代。主要用于衙署、庙宇的正殿,不准用于一般的民居。其构图特点是藻头内使用旋涡状的花朵,故称旋子(图7.32)。

(3) 苏式彩画。属清代官式彩画。从名称上看,似乎是苏州地区的彩画式样,其实,官式彩画中的苏式彩画,乃是借鉴苏州吉祥

图7.32 旋子彩画

纹样发展起来却又北方化了的彩画。至于苏州的地方彩画与官式的苏式彩画是很不相同的。苏式彩画以清新、活泼、富有生气而见长，故多用于园林建筑和住宅。

(4) 斗拱与天花彩画。清代斗拱彩画以青绿为主色，垫板常常使用火焰三宝珠、龙凤、佛莲等图案。天花彩画的惯用画法是方格正中画圆形图案，称"圆光"，圆外空间称"方光"，四角画岔角花，方光之外称"大边"，大边之外称为支条，支条交接处画燕尾花。圆光图案以龙凤、仙鹤与团花居多。

壁画至明清已渐衰落，一向用作政治宣传和宗教宣传的壁画，逐步被可供案头欣赏的卷轴画等所代替。明代壁画遗存较多，大多分布在北京、河北、山西、四川、云南、西藏、青海等地。北京法海寺大雄宝殿中的壁画完成于1444年，题材是唐、宋以来一直流行的《帝释梵天图》。该画作者为宫廷画师，采用沥粉贴金技法，风格精密繁丽，既反映了唐、宋的传统，又体现了清代宫廷画师的画风。

在西藏布达拉宫灵塔殿东的集会大殿内，有一幅名为《五世达赖见顺治图》的壁画(图 7.33)，描绘了五世达赖率3 000人使团进京朝见顺治皇帝的重大历史事件，歌颂了国家的统一和民族的团结，并采用了连环画的手法，为清代壁画的杰作。

山西定襄关帝庙壁画，以《三国演义》为题材，构图宏伟壮观，反映了人们对于世俗神祇的崇拜。

北京故宫长春宫回廊有《红楼梦》壁画，描绘了"四美钓鱼"，"醉眼芍药"

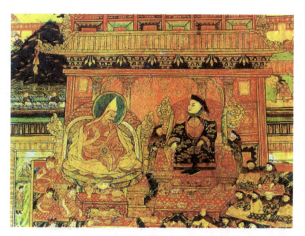

图 7.33 《五世达赖见顺治图》壁画局部

等情节，笔调细腻，掺入西洋画法，人物接近流行仕女，空间大体符合透视，说明民间的审美情趣和西洋画法已逐步为宫廷所接受。

综观明清时期的室内设计与装修，无论从涉及的范围上看，还是从设计与加工水平上看，都远远地超过了历朝历代，即达到了历史上的高峰期。

此时的室内设计与装修涉及宫殿、坛庙、寺观、住宅及园林建筑的殿、堂、馆。其形制、风格、做法不仅有一定的文图材料可以查阅，更有大量实物可以佐证，这就使我们有可能对这一时期的室内设计与装修水平有一个全面而又具体的认识。

与之前的朝代相比，明清时期的室内设计与装修有以下几个突出的特点。

(1) 手段、形式更加多样。以藻井为例，仅紫禁城的宫殿就有带多层斗拱的、带单层斗拱的、圆形的八角形的等许多种。

(2) 更加注重装修与空间组织的关系。由于采用了不同的空间分隔物，如落地罩、博古架、太师壁、屏风和帷幕等，既可组织全封闭空间，又可组织半封闭空间和虚拟空间；既能充分展示装修要素的艺术魅力，又可使空间达到自由流通的效果。这种情形出现于木结构建筑之中，是十分可贵的，既是中国传统建筑室内设计与装修的一个鲜明的特点，又是一个近现代建筑室内设计与装修值得借鉴的优点。

(3) 材料多样，做工更加精美。这时的装修除大量使用紫檀、花梨、铁梨、檀香等名贵木材外，还用竹编、锦缎等装修墙面与天花，并用金、银、宝石、珍珠、珊瑚、玛瑙、翡翠、玳瑁、螺钿、象牙、珐琅等进行装点，以便取得更加富丽堂皇和画龙点睛的效果。此时的绘画与雕刻技术也已十分纯熟，这就使许多装修要素本身成了欣赏价值极高的艺术品，以致具有丰富的文化内涵和高雅的品位 (图 7.34)。

图 7.34　苏州狮子林花篮厅木雕"花篮"

(4) 突出隐喻性，具有深刻的意境。中国传统建筑的装修要素以富有象征意义而著称。它们往往具有深刻的内涵，人们可以通过装修要素的形象产生联想，感受内涵，得到情感上的慰藉，达到情景相融的目的。建筑类型不同，装修要素所蕴含的内涵也不同：帝王的宫殿、陵寝，反映的是皇权至上的思想；封建士大夫多数吹捧、追求超凡脱俗的境界，以陶冶情操、洁身自好作为立人之本，于是，便常常以梅、兰、竹、菊，"岁寒三友"等题材装修住宅、园林等环境；而吉祥如意，福禄寿禧等便成了上至帝王将相，下至平民百姓共同的追求。正因为如此，中国传统建筑的装修总是喜欢用色彩、图案、文字等表达祥瑞的意义。

本 章 小 结

明清时期是中国建筑社会的最后阶段，同时也是中国传统建筑发展史上的又一个高峰期。本章从明清建筑发展概况、建筑装饰与室内装修、家具与陈设、彩画与壁画几个方面进行了阐述。对明清建筑室内空间的装饰与装修进行了重点介绍。

本章的教学目标是使学生掌握明清时期的各种建筑风格及其室内装饰装修上的特点，特别是明清家具的特点及两者的区别。

【实训课题】

(1) 内容及要求。

① 明清建筑在我们周围保存得比较多，有些地方也保存得较为完整。用相机拍摄建筑内部空间里面的一些装饰元素制作成PPT，在课堂中向同学们进行讲解。

② 明、清家具设计。要求用马克笔、色彩铅笔或其他工具等手绘效果图两张(8K纸)；画出结构图；表明制作规格、材料、色彩。

③ 分组用各种卡纸制作明清时期的各种顶棚，根据每一类型进行上色，最后拍照。

(2) 训练目标：对明清设计元素有所掌握。

【思考练习】

(1) 谈谈你对明清建筑的认识。

(2) 明清室内顶棚的做法有哪几种？

(3) 明清室内主要的陈设品有哪些？

第 8 章

近现代建筑室内空间
——西风东渐、室内设计飞速发展

知识目标

熟悉中国近现代时期建筑及建筑内部空间的发展概况，掌握中国近代建筑内部空间的几种类型及现代典型的几个空间装饰特征，并能在平时的设计中灵活运用。

重难点提示

近现代建筑室内空间的特点及在设计中的运用。

第8章 近现代建筑室内空间

【引言】 中国近现代建筑处于承上启下、中西交织、新旧接替的过渡时期,既交织着中西文化的碰撞,也历经了近现代的历史搭接,与它们所关联的时空关系是错综复杂的。大部分近现代建筑还遗留到现在,成为今天城市建筑及室内空间的重要构成,并对当代中国的建筑活动和室内设计产生着巨大的影响。

8.1 中国近代建筑与室内空间的发展概况

从1840年鸦片战争开始,中国进入半殖民地半封建社会,即开始了近代化的进程。鸦片战争后,清政府被迫签订一系列不平等条约。1842年,开放广州、厦门、福州、宁波、上海5个通商口岸。一些租界和外国人居留地形成了新城区。这些新城区内出现了早期的外国领事馆、银行、商店、工厂、仓库、教堂、饭店、俱乐部和洋房住宅。这些殖民输入的建筑以及散布于城乡各地的教会建筑是本时期新建筑活动的主要构成。它们大体上是一二层楼的砖木混合结构,外观多为"殖民地式"或欧洲古典式的风貌。通过西方近代建筑的被动输入和主动引进,酝酿着近代中国新建筑体系的形成。

19世纪末到20世纪30年代末,1895年《马关条约》的签订,迫使中国接受了机器进口的禁令,允许外国人在中国就地设厂、从事各项工艺制造。

20世纪30年代末到40年代末,从1937年到1949年,中国陷入了持续12年之久的战争状态,近代化进程趋于停滞,建筑活动很少。抗日战争期间,国民党政治统治中心转移到西南,全国实行了战时经济统制。近代建筑活动开始扩展到这些内地的偏僻县镇。但建筑规模不大,除少数建筑外,一般都是临时性工程。

20世纪40年代后半期,通过西方建筑书刊的传播和少数新回国建筑师的影响,中国建筑界加深了对现代主义的认识。这是近代中国建筑活动的一段停滞期。

下面简要介绍这一时期的主要建筑与室内设计的代表作。

8.1.1 洋式的折中主义形式

洋式建筑在近代中国建筑中占据很大的比重。它在近代中国的出现,有两个途径:一是被动的输入,二是主动的引进。

被动输入是在资本主义列强侵略的背景下展开的,主要出现在外国租界、租借地、附属地、通商口岸、使馆区等被动开放的特定地段,展现在外国使领馆、洋行、银行、饭店、商店、火车站、俱乐部、花园住宅、工业厂房以及各教派的教堂和教会的其他建筑上。这些统称为"洋房"的庞大新类型建筑在输入新功能、新技术的同时,也带来了洋式建筑风貌。这类建筑最初曾由非专业的外国匠商营造,后来多由外国专业建筑师设计,它们是近代中国洋式建筑的一大组成。

主动引进的洋式建筑指的是中国业主兴建的或中国建筑师设计的"洋房",早期主要出现在洋务运动、清末"新政"和军阀政权所建造的建筑上,如北京的陆军部、海军部、总理衙门、大理院、参谋本部、国会众议院和江苏、湖南、湖北等省的咨议局等。这些活动本身带有学习西方资产阶级民主的性质,这批建筑大多仿用国外行政、会堂建筑常见的西方古典式外貌。

(1) 上海汇丰银行 (图 8.1、图 8.2)。1921 年拆除旧楼后，1925 年新建，占地 17 亩，5 层钢框架结构，建筑面积 3200m^2。平面近似正方形，立面采用严谨的古典主义手法，中部有贯穿 2~4 层的仿古罗马科林斯双柱式，顶部为钢结构的穹顶。营业大厅内采用爱奥尼克柱廊。拱形玻璃天棚，内部多为大理石装饰，富丽堂皇。由英商公和洋行设计。

图 8.1　上海汇丰银行室内大堂　　　　图 8.2　上海汇丰银行穹顶设计

(2) 泮立、泮文两楼 (图 8.3、图 8.4)。1931 年 4 月建于广东开平县塘口镇赓华村，建筑投影面积 146m^2，11.6m×12.6m，楼高三层半。楼名是园主谢维立先生取其父谢圣泮及自己的名字联珠而成，是园主及四位太太生活起居的中心。其楼顶为中国古式琉璃瓦重檐建筑，并巧妙在架空成隔热层。室内地面和楼梯皆为意大利彩石，墙壁装饰以中国古代人物故事为题材的大型壁画、浮雕和涂金木雕，楼体是西式的罗马柱和拱券。各层均置西式壁炉，悬挂古式灯饰，摆设雅致的酸枝古式家具，食用水和卫生设施均从国外进口，反映了主人追求新生活方式的意向和兴趣。大厅是以西方宫殿为设计蓝本，高贵豪华。门窗是从德国订造的，地板是意大利的水磨石，历久常新。整个大厅最有中国风格的是门口上方的《三聘诸葛》壁画，为岭南独特工艺品——彩泥灰雕，虽历时几十年，至今仍色彩鲜艳，栩栩如生。

图 8.3　泮立楼大厅空间　　　　图 8.4　泮立楼吊项与灯饰

8.1.2 中国传统复兴主义形式

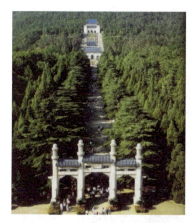

图 8.5　南京中山陵鸟瞰

图 8.6　南京中山陵纪念堂吊顶

知识链接

吕彦直设计中山陵时只有31岁,他还荣获过广州中山纪念堂设计竞赛的首奖。1929年,当中山纪念堂还正在施工的时候,他就过早地去世了,当时只有35岁。

在西式建筑进入中国的同时,一些中国建筑师以及仰慕中国传统文化的外国建筑师也在积极探索和设计着具有中国传统特色的建筑,尤其是纪念性建筑,如南京中山陵、广州中山纪念堂、国民党中央党史史料陈列馆和北京协和医院等。

(1) 南京中山陵(图 8.5、图 8.6)1926—1929 年建成,位于南京紫金山南坡,由吕彦直设计,是经过方案竞赛选定的。主体建筑面积 $6684m^2$。整座中山陵由墓道和陵墓组成,结合山势,运用石碑坊、陵门等陵墓要素,以大片绿化和平缓台阶连缀建筑个体,雄伟、庄严。主体建筑祭堂吸取中国古典建筑手法,应用新材料与新技术,是中国建筑师探索"中国固有形式"的起点。

(2) 国民党中央党史史料陈列馆(图 8.7)在今玄武区中山东路 309 号,杨廷宝设计。设计于 1934 年,1935 年 2 月动工,次年 7 月落成。四周布置花园和警亭四座,底层有大小办公室、会议室和史料库房,二、三层为陈列室。来宾参观由大台阶直达中间礼堂,遂至两侧陈列室参观。陈列室全部采用钢筋混凝土结构,建筑内部装修以菱花门窗,天花藻井,沥粉彩画,外观为重檐歇山宫殿式建筑,庄重宏伟。新中国成立后改为中国第二历史档案馆,即全国主要史料珍藏于此。

8.1.3 西方现代主义形式

19 世纪下半叶,欧洲兴起探求新建筑运动,20 世纪80 年代和 20 世纪 90 年代相继出现新艺术运动和青年风格派等探求新建筑的学派。20 世纪初在哈尔滨、青岛、上海等附属地、租借地城市,开始出现了一批新艺术运动和少量青年风格派的建筑,如上海沙逊大厦、上海国际饭店、上海大光明电影院及天津渤海大楼等。

(1) 上海沙逊大厦(图 8.8)外滩,是上海标志性建筑之一。建于 1928 年,沙逊是旧上海著名英籍犹太人,房地产商。10层(部分地区 13 层)钢框架结构,现为和平饭店。建筑平面呈"A"字形,外饰采用花岗石贴面,立面处理成简洁的直线条,底部饰有花纹雕刻。东立面为主立面,顶部冠以 10 多米高的方尖锥式瓦楞紫铜皮屋顶,具有当时美国流行的芝加哥学派高层建筑风格。

图 8.7　国民党中央党史史料陈列馆

大厦的室内空间合理，风格多样，融会中西，陈设考究，有中国式、印度式、日本式等多种客房，是上海近代西式建筑中最为豪华的一座。

图 8.8　上海沙逊大厦室内空间

(2) 上海国际饭店(图 8.9、图 8.10)建于 1934 年，是中国近代最著名的摩天大楼，由中国银行储蓄会所建，匈牙利建筑师乌达克设计。大楼 24 层，全高 82m，钢框架结构，是当时国内最高的建筑物。外立面采用直线处理，底部墙面镶嵌黑色磨光花岗石，上部镶砌棕褐色面砖，前部 14 层以上每四层收缩，平面设计紧凑，造型简洁挺拔。

图 8.9　上海国际饭店室内角　　图 8.10　上海国际饭店大厅一角

8.2　室内设计教育与学术研究

我国室内设计的真正兴起是近 30 年左右的事情，作为一个行业的专业性培养教学则为时更短，而我国的室内设计专业教育往往起源于两种不同的教学体系：一种在艺术类院校内作为实用艺术的形式出现；另一种则在建筑院校内作为建筑设计的内部空间设计补充的方式出现，是社会分工细化的一种必然结果。因此，这两种教育体系在我国的兴起和发展都必然直接影响到室内设计专业在我国的定位和发展。

8.2.1 美术教育的影响

19世纪末期,西学东渐已越来越明显。帝国主义的炮舰政策,打开了中国闭关自守的大门,西方的新思潮加快向我国传播。

蔡元培认为"文化进步的国民,即要实施科学教育,尤其应普及美术教育"。他的以美术代宗教说的中心论点是:"鉴刺戟感情之弊,而专尚陶养感情之术,则莫如舍宗教而易以纯粹之美育。"他寄希望于以纯粹之美育来陶冶人们的感情,"使人我之见,利己损人之思念以渐消沮者也。"把美育作为改造国民精神的手段。

我国最早建立图画手工科的是南京两江师范学堂和保定北洋师范学堂。南京两江师范学堂是单独的优级师范,创立于1902年。起初几年是各科混合制,设有图画、手工、音乐等课。设为分科制后,开始也设有艺术性质的专科。后来在校长李瑞清的提倡和学生的竭尽争取之下,才特别添设了国画手工科。我国第一所私立美术学校是在1911年由周湘创办的。我国发展最快的私立美术学校是1921年由乌始光、刘海粟、汪亚尘、丁栋等人创办的上海图画美术院,后改为上海美专。在社会美育思潮的推动下,1918年4月建立北京美术专科学校(中央美术学院)(图8.11),1928年杭州建立国立艺术院(中国美术学院)(图8.12)。

图 8.11　中央美术学院

图 8.12　中国美术学院

为了救国救民,使中国人民摆脱被侵略受压迫的悲惨命运,中国人民奋发图强,一方面在国内兴办教育,培养人才;一方面选派大批留学生到世界各先进国家留学。其中,美术留学生去日本和法国的最多。他们学成之后回国,成为美术教育的主要师资力量或职业画家。对近现代美术发展起过不少作用,为东西方美术交流架起了桥梁。

8.2.2 建筑教育的影响

我国近代建筑教育,由两个渠道组成:一是国内兴办建筑科、建筑系;二是到欧美和日本留学建筑。在时间程序上,留学在先,办学在后,国内的建筑学科是建筑留学生回国后才正式开办的。

从现有资料看,我国最早到欧美和日本留学建筑都始于1905年。在这些留学的学校中,美国的宾夕法尼亚大学建筑系影响最大,范文照、朱彬、赵深、杨延宝、陈植、梁思成(图8.13)、童寯、卢树森、李杨安、过元熙、吴景奇、黄耀伟、哈雄文、王华彬、吴敬安、谭垣等,都先后毕业于该系,他们之中的许多人成了中国近代建筑教育、建筑设计和建筑史学的奠基人和主要骨干。这些留学生回国后,创办了中国近代的建筑教育,开设了中国建筑事务所,建立了中国建筑史学的研究机构,出版了建筑学术刊物,对中国近代建筑的发展做出了巨大的历史贡献。

知识链接

梁思成（1901—1972年）长期从事建筑教育事业，对建筑教育事业做出了重要贡献。是中国最早用科学方法调查研究古代建筑和整理建筑文献的学者之一。他的学术著述，引起了中外学者的重视，是中国建筑界的一份宝贵遗产。

图8.13　梁思成

1923年，苏州工业专科学校设立建筑科，迈出了中国人创办建筑学教育的第一步。苏州工业专科学校是由刘士英发起，与刘敦桢、朱士圭、黄祖淼共同创办的。他们4位都是留日回国的，很自然地沿用了日本的建筑教学体系。学制3年，课程偏重工程技术，专业课程设有建筑意匠、建筑结构、中西营造法、测量、建筑力学、建筑史和美术等。苏州工专建筑科历时4年半，于1927年与东南大学等校合并为国立第四中山大学，1928年5月定名为国立中央大学，这是中国高等学校的第一个建筑系。

紧接中央大学之后，东北大学工学院和北平大学艺术学院也于1928年开设了建筑系。东北大学建筑系由梁思成创办，教授有陈植、童寯、林徽因、蔡方荫，是清一色的留美学者。学制4年。北平大学艺术学院艺术系的创办，起因于该院院长杨仲子，他是留法的学者，主张像法国那样在艺术学院中设建筑系，基本上沿用法国的建筑教学体系，学制4年。

正是这些早期建筑教育者的教学实践和设计思想，推动了整个中国建筑教育的现代进程。

8.2.3　多元化发展

从20世纪20年代后期开始，建筑留学生回国人数明显增多，1929年，中山陵建成，标志着中国建筑师规划设计的大型建筑群的诞生。

20世纪30年代，现代主义建筑思潮从西欧向世界各地迅速传播。中国建筑界也开始介绍国外现代建筑活动，导入现代派的建筑理论，室内设计也深受影响。总的来说，现代建筑在近代中国是相当微弱的，这给新中国建筑和室内设计的发展留下了现代主义发育不全的后遗症。

改革开放以来，全国已有100多所高等院校和中等专业学校先后设立环境艺术、艺术设计、室内设计和装饰工程等专业或专业方向。每年毕业生数万人，其中，大学毕业生约占30%。而且，每年该专业的开办院校和扩招人数还在急剧增加。与此同时，在职人员的培训工作也受到了企业和管理部门的重视。

出版界出版了大量室内设计与装修方面的著作。到目前为止，与室内设计与装修有关的杂志已近20家，其中，中国建筑学会室内设计分会会刊，南京林业大学和江苏省建筑装饰设计研究院主办的《室内设计与装修》(图 8.14)，重庆大学主办的《室内设计》，西安市工业合作联社主办的《新居室》(图 8.15)，中国建材工业出版社和中国建筑装饰装修材料协会主办的《装饰装修天地》，中南林业大学主办的《家具与室内装饰》以及广州珠江建筑装饰集团公司主办的《广东建筑装饰》等均有一定的影响。

图 8.14 《室内设计与装修》杂志

图 8.15 《新居室》杂志

中国建筑学会室内设计分会是中国室内设计师的学术团体，成立于 1990 年。成立以来，通过举办国际学术交流、会员作品展览和室内设计大赛等活动，为推动中国室内设计的发展做了大量的工作。学会有 3 个学术刊物，即《中国室内设计年刊》、《室内设计与装修》和《家》。会员已有千余人。

8.3 现代建筑与室内空间的发展概况

新中国的成立，为现代室内设计的形成和发展提供了充分的条件，但是，由于室内设计的发展水平，与政治、经济、文化、科技状况及人民的生活方式密切相关，在半个世纪的时间内，其发展不但表现为一定的连续性，还明显地表现出阶段性，出现了有起有伏、波浪前进的局面。大致可以分为 3 个大阶段：1949～1959 年前后，为第一阶段，可称形成期；1960～1977 年前后，为第二阶段，可称徘徊期；1978 年至今，为第三阶段，可称发展期。

8.3.1 发展概况

新中国成立之初，经济水平落后，人民生活水平低下。建造活动还处于满足人们的基本生活需要的层次上，因而建筑与室内往往都以功能为第一位，而较少顾及室内环境的问题。

这一时期的建筑，大都是国计民生急需的。从风格特点上看，可以分为三类：一类是所谓民族形式的，如 1954 年建成的重庆人民大会堂 (图 8.16、图 8.17)，北京友谊饭店等；另一类是强调功能的，形式趋于现代的，如 1952 年建成的北京和平宾馆，北京儿童医院等；

第三类是借鉴苏联的建筑形式的，包括1954年建成的北京苏联展览馆和1955年建成的上海中苏友好大厦(图8.18)等。这时的室内空间设计往往还是由建筑师统一完成，室内设计活动渐渐兴起，这对培养新中国的室内设计师起到了非常积极的作用。

图8.16　重庆人民大会堂外景

1958年，为庆祝建国10周年，国家决定在北京兴建人民大会堂、革命及历史博物馆、军事博物馆、农业展览馆、民族文化宫、北京火车站、工人体育场、钓鱼台国宾馆、华侨饭店、国家影剧院"十大建筑"。这些建筑都集中在北京，却全面反映了我国当时建筑的高水平。从"十大建筑"开始，中国室内设计逐步成立独立的学科和专业。综观"十大建筑"的室内设计，具有两个明显的特征：一是立意上突出表现新中国成立的伟大意义，具有明显的纪念性；二是形式创造上借鉴传统的设计方法，具有明显的民族性。

图8.17　重庆人民大会堂注重民族形式的装饰细节

1960—1965年，我国遇到了严重的自然灾害。国民经济进入调整阶段。基建项目大大压缩。1966年，"文化大革命"开始，建筑业和各行各业一样受到了严重的冲击。

1976年，"文化大革命"结束，国民经济依然十分困难。

图8.18　上海中苏友好大厦外立面与柱子装饰

"文化大革命"前后建成的主要建筑有1973年落成的扬州鉴真纪念堂、1974年建成的北京饭店东楼和1975年建成的上海体育馆等。

1978年12月，党的十一届三中全会召开。国民经济得到恢复与发展，人民的生活也迅速提高到一个新的水平。思想的解放，需求的增加，为室内设计与装修的发展创造了良好的条件，正是从这里开始，中国现代室内设计很快走入迅猛发展的阶段。

从风格特点上看，20世纪80年代的建筑设计与室内设计大致有两类：一类侧重体现现代感，一类侧重体现民族性和地域性。第二类以宾馆、酒店居多，香山饭店、白天鹅宾馆、阙里宾馆等都是这类作品中颇受好评的代表作。住宅室内设计的兴起，在我国室内设计发展史上具有极其重要的意义。它标志着室内设计不再为少数大型的公共建筑所专用，而是同时进入寻常百姓家，"以人为本"的设计理念，从此有了更深刻的设计内涵。

综观20世纪90年代的室内设计，有以下几个特点。

(1)发展迅速。1996～1999年，全国室内设计与装修工程的产值大约分别为1100亿元、1500亿元、2000亿元和2400亿元，比上年分别增长30%、36%、33%和20%。从事室内设计与装修的人员分别为450万人、500万人、550万人和600万人，比上年分别增长了13%、11%、10%和9%。全国从事室内设计与装修的企业分别为8万、20万、30万和35

万家。2001 年，全国建筑装饰工程总产值近 6600 亿元，从业人数已经超过 850 万人。

(2) 风格多样。改革开放开阔了人们的视野，交通信息的发达使人们有更多机会接收大量信息，国外的设计思想、方法和作品不断被介绍到国内，一些重要项目通过国际招标，还引进不少国外设计师。在这种背景下，古典、前卫、田园、豪华的设计风格纷纷亮相，改革开放之前的那种沉闷的气氛一下子被生动活跃的局面所代替。

(3) 设计水平逐步提高。主要表现是文化品位较高、科技含量较大、适用合理、特色独具的佳作不断涌现，一些企业还在英国、蒙古、非洲等打开了国际市场。

8.3.2 典型的建筑空间

(1) 人民大会堂。中华人民共和国建国十周年时建成的十大建筑之一，由万人堂、宴会厅、全国人大常委会办公楼三部分组成。造型雄伟壮丽，富有民族风格。正面纵分为五段，中部稍高，主次分明。立面采用中国传统建筑三段式的处理手法，顶部为黄色琉璃，四角起翘，挺拔有力。

人民大会堂的大礼堂，高 33m，宽 76m，深 60m，有三层坐席。空间宽大，气势恢宏。顶棚以红色五星形大灯为中心，周围配以向日葵图案与满天星式的镶嵌灯，寓意全国各族人民团结在中国共产党的领导下奋勇前进。大厅的墙面与顶棚的色彩一致，交接自然，具有水天一色的意境 (图 8.19)。

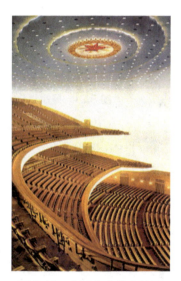

图 8.19　人民大会堂大礼堂

人民大会堂的宴会厅，位于大会堂的北段。由过厅、交谊厅、宴会厅组成。交谊厅南端有一大楼梯，楼梯宽 8m，有 62 级踏步，踏步与栏杆均以汉白玉贴面 (图 8.20)。宴会厅长 102m，宽 76m，廊柱贴金，顶饰彩画，富有强烈的民族色彩和中国传统文化的神韵。

(2) 民族文化宫 (图 8.21)。位于复兴门内大街北侧，建成于 1959 年，主要设计人为奚小彭。平面布局呈山字形，东西宽 185.78m，南北纵深 105m，建筑面积 30770m2。建筑主体为中央塔楼，地下 2 层，地上 13 层，地面以上高 67m，上部为绿色琉璃瓦双重方形檐攒尖顶，整体色彩明快，造型挺拔，是当时在高层建筑中对民族形式的一次尝试。建筑东西两翼 2～3 层。全部墙面用白色面砖饰面，翠绿色琉璃瓦屋顶，方整石墙

图 8.20　人民大会堂宴会厅前的大楼梯

脚，融现代建筑与传统民族风格于一体，造型优美。一楼主厅借鉴了中国传统天花藻井的做法，使用八角形铜制镏金花饰，造型轻盈的组合灯具，与空间形式相统一。

(3) 钓鱼台国宾馆 12 号楼 (图 8.22)。钓鱼台国宾馆是专门用于接待国外元首的场所。对 12 号楼的总体要求是室内环境要与优美的总体环境相结合，现代化的装修和设施与民族风格相结合。该楼平面呈回字形，是一幢两层别墅式建筑。室内设计完成于 1982 年。

楼内四季厅有水池、绿化、叠石等自然景物。总统套房富有中国特色。其卧室用高级木材制作架子床，雕刻细致精美。幔帐、床罩以金黄锦缎制作，图案古朴庄重。红色丝惠，潇洒醒目。壁上的山水国画，传达出源远流长的中国文化。

图 8.21　民族文化宫清真餐厅　　　　图 8.22　钓鱼台国宾馆 12 号楼总统套房

(4) 香山饭店。1982 年建成。香山饭店结合地形采用在水平方向延伸的、院落式的建筑，将体积约 15 万立方米的庞然大物切成许多小块，以达到"不与香山争高低"的目的，饭店只用了白、灰、黄褐 3 种颜色，室内室外都和谐高雅。因为重复运用了正方形和圆形两种图形 (图 8.23、图 8.24)，使建筑产生了韵律。

图 8.23　香山饭店室内借景　　　　图 8.24　北京香山饭店四季厅

整个香山饭店的装修，从室外到室内，基本上只用 3 种颜色，白色是主调，白色的墙面，包括外墙和内墙，白色的顶棚、屋架，白色的桌面、茶几和灯具，灰色是仅次于白色的中间色调，在室外用在勒脚、门窗套、联系窗户的装饰格带、屋顶、围墙压顶等处，而且一律用磨砖对缝，在室内，用在地毯、卧具、沙发、办公桌椅等处，黄褐色，用作小面积点缀性，如墙面花岗石勒脚、木材的楼梯、室内装饰格带、竹制的窗帘等处，这 3 种颜色组织在一起，无论室内室外，都十分统一，和谐高雅。

贝聿铭的另一手法是大胆地重复使用两种最简单的几何图形，主要利用正方形和圆形，大门、窗、空窗、漏窗，窗两侧和漏窗的花格、墙面上的砖饰，壁灯，宫灯都是正方形，连道路脚灯的楼梯栏杆灯都是正立方体，又巧妙地与圆组织在一起，圆则用在月洞门、灯具、茶几、宴会厅前廊墙面装饰，南北立面上的漏窗也是由4个圆相交构成的，连房间门上的分区号也用一个圆套起来，这种处理手法显然是经过深思熟虑的，深藏着设计者的某种意图。

(5) 华夏艺术中心。耸立在深圳湾的华夏艺术中心，无论在建筑造型上，还是室内设计上，都具有独特的艺术效果。在造型处理上能用过减法创造出了气魄宏伟、层次丰富的灰空间，具有强烈的雕塑感，这也是充分考虑当地气候条件和人的行为模式的一个成功尝试。

在室内处理上以简洁明快为基调，局部重点饰以独具特色的光雕和传统的图案。这种处理手法从室内贯通到室外，使内外风格统一，成为一个有机的整体。舞厅内流线的大型天花水晶吊灯，作为这个室内空间的重点视觉因素，很有力度，又符合空间的性质，增添了动感(图8.25)。影剧院过厅处理非常有新意。光雕和独特的紫罗兰色以及不锈钢和玻璃上光亮的反射效果，给人以神秘的空间氛围。

图8.25　深圳华夏艺术中心多功能厅

(6) 上海图书馆。上海图书馆由张皆正等设计，始建于1986年，建成于1995年。室内设计的定位是"当代的、上海的、文化的"，主题是"中国与世界文明史"。总体格调高雅、简洁、明快，在统一的基调中反映了功能性质和文化的多样化。

图书馆有3个中庭式的高大空间，即主入口大厅、中庭目录厅(图8.26)和西门厅。它们总体上统一，但形态各异，均以暖色为基调，均以石材做地面或墙面，以优质微孔板及矿棉板等做顶棚，又以不同手法强调了中外文化交流的意境。主入口大厅用通高玻璃幕墙引入阳光和景色，显得高大而敞亮。

图8.26　上海图书馆新馆中庭目录厅

阅览室简洁大方，引导标志醒目。古籍阅览部分，有江南传统建筑特征，具清新典雅气氛。其目录厅下部作墙裙，上部作白墙，以名家书画作挂饰，顶棚中间选用了新型藻式日光灯。

在室内设计中，充分注意了内外空间的沟通，从东区进目录厅向外看，是一个中国式庭院，以草坪为主，有一条大理石碎片圆路，还有一个重檐方亭景窗和几处湖石，从而使庭院颇有趣味性。西区报告厅休息室外是一个西式庭园，草坪中间有一黑卵石铺砌的小路，其旁有一座为"沉思"的雕塑。

本 章 小 结

本章对近现代建筑室内空间部分作了较详细的阐述，包括近代建筑室内空间的发展概况、近现代时期的设计教育与学术、近代建筑室内空间的发展概况。同时对近代几种建筑室内空间的类型进行了阐述，并列举了人民大会堂、钓鱼台国宾馆12号楼、民族文化宫、北京香山饭店、华夏艺术中心、上海图书馆6个现代典型的建筑室内空间的装饰特征。

本章的教学目标是使学生掌握近现代时期的较为典型的建筑及其室内装饰装修上的特点，能在以后的设计中合理运用。

【实训课题】

(1) 内容及要求。

① 建筑装饰设计是一个新型的行业，特别这几年发展速度很快，针对这一特点进行社会调查，写出一份调查报告。

② 选择一个典型现代建筑空间，如北京香山饭店，提取室内空间设计的装饰元素，要求用麦克笔、彩色铅笔或其他工具进行设计临摹(8K纸)。

(2) 训练目标：对近现代时期设计元素要有所掌握。

【思考练习】

(1) 新中国成立后的"十大建筑"有哪些并有哪些特征？

(2) 中国近代建筑及室内空间的形式。

(3) 中国现代几大典型建筑空间的装饰特征。

第三篇
西方建筑室内空间发展

第 9 章
古代建筑室内空间
——设计的古典风时期

知识目标

　　了解西方古代时期建筑的发展概况，掌握古代埃及、古代希腊、古代罗马室内设计风格的特点以及家具与陈设在室内设计中的运用。

重难点提示

　　重点：古代埃及、古代希腊、古代罗马室内设计风格的特点。

　　难点：古代埃及、古代希腊、古代罗马室内设计上的异同点。

第9章 古代建筑室内空间

【引言】在不断的社会实践中，人类从最初的对栖息地的简单要求慢慢转向更高的精神需求，加上生产力的不断发展，使建造能力大大提升，古代时期出现了一大批规模宏大的建筑群，历经风残日蚀，今天见到的大多都已是断壁残垣，但通过对其遗存的资料加以分析研究，还依稀可以看到曾经辉煌的空间形态，当然，还有一部分保存较为完好的建筑实例，成为研究室内发展历史的有力佐证。

9.1 古代埃及、两河流域和伊朗高原的建筑

古埃及和两河流域的国家是同时存在和发展的，互有征伐和占领，也有和平的交往，建筑上相互借鉴，古埃及文明，包括建筑，经过爱琴海岛屿而对希腊发生影响。两河流域地处欧亚大陆的交通要道上，不断成为多种文明的舞台，它的文明以后对两大洲也都有重要的影响。

9.1.1 古代埃及建筑

埃及是人类古代文明的发祥地之一。公元前5000年，埃及社会出现了阶级萌芽，公元前4000年左右出现了奴隶制国家。到公元前3000年，上埃及国王美尼斯征服下埃及，建立了统一的专制王朝。以后的埃及经历了古王国、中王国和新王国3个统一时期。

(1) 古王国时期，这时期氏族公社的成员是主要劳动力，庞大的金字塔就是他们建造的。这反映了原始的拜物教，纪念性建筑是单纯而开朗的。古王国时期的建筑以举世闻名的金字塔为代表（图9.1）。建筑雄伟、庄严，具有神秘的效果。

图9.1 狮身人面像与哈夫拉金字塔

> **知识链接**
>
> 金字塔，在建筑学上是指锥体建筑物，一般来说基座为正三角形或四方形等的正多边形，顶部面积非常小，甚至成尖顶状，作为重要纪念性建筑，如陵墓和寺庙。

(2) 中王国时期，公元前21～16世纪。建筑以石窟陵墓为代表。这一时期已经采用了梁柱结构，能建造较宽敞的内部空间，建于公元前2000年前后的曼都赫特普三世墓是典型的实例。

(3) 新王国时期，公元前16～11世纪，这是古埃及最强大的时期，频繁的远征掠夺来大量的财富和奴隶，奴隶是建筑工程的主要劳动力。新王国时期的建筑以神庙为代表。它们力求神秘和威严的气氛，其规模最大的是卡纳克和卢克索的阿蒙神庙（图9.2）。

在建筑材料方面，古埃及地处尼罗河下游，缺少良好的建筑木材，古埃及人使用石头、棕榈木、芦苇、纸草、黏土和土坯建造房屋。

在建筑技术方面，古埃及人在几何学、测量学方面取得了很大的成就，并创造了起重运输机械，这些成就对建筑的发展起着巨大的推动作用。古王国时期的金字塔，方位对准，几何形体精确，误差几乎为零。很多巨大的建筑，使用的石头重达几十吨，砌筑得严丝合缝，在没有风化的地方，至今仍连刀片都插不进去。中王国时期的纪念碑最高的达到52m，细长比为1：10，柱子也有高达21m的。

图9.2　卢克索的阿蒙神庙

9.1.2　两河流域和伊朗高原的建筑

在这个地区的建筑大体可分为3个类型：幼发拉底河和底格里斯河下游、幼发拉底河和底格里斯河上游、伊朗高原。在这个区域内，世俗建筑占着主导地位，建筑形制多样、装饰手法丰富，对古代和中世纪的建筑文化做出了重大的贡献。两河下游的高台建筑，叙利亚和波斯的宫殿，尤其是壮丽的新巴比伦城，是这个区域代表性建筑成就。创造了以土作为基本原料的结构体系和装饰方法。

两河上游的亚述统一了西亚，征服了埃及之后，它的建筑除了当地的传统石建筑之外，又大量吸取两河下游和埃及的经验，几代皇帝兴建都城，建设规模大于以前西亚任何一个国家，最重要的建筑遗迹是萨艮王宫。城市平面为方形，每边长约2km。城墙厚约50m，高约20m，上有可供四马战车奔驰的大坡道，还有碉堡和各种防御性门楼。王宫正面的一对塔楼突出了中央的券形入口。宫墙贴满彩色琉璃面砖，其上雕刻着从正、侧面看起来均形象完整，具有五条腿的人首翼牛像。大门处的一对人首翼牛像高约3.8m，它们象征着智慧和力量，守护着宫殿。

9.2　欧洲"古典时代"的建筑

欧洲人把古希腊和古罗马称作"古典时代"。古希腊是欧洲文化的摇篮，古希腊建筑同样是欧洲建筑的摇篮，创造的柱式影响了整个世界；而古罗马更是以其辉煌的拱券和公共建筑向世界展示魅力，更重要的是古罗马将柱式与拱券完美的结合。

9.2.1　古希腊建筑

古希腊是欧洲文化的发源地，古希腊建筑开欧洲建筑的先河。古希腊的发展时期大致为公元前8～前1世纪，即到希腊被罗马兼并为止。古希腊建筑的结构属梁柱体系，早期主要建筑都用石料。限于材料性能，石梁跨度一般是4～5m，最大不过7～8m。石柱以鼓状砌块垒叠而成，砌块之间有榫卯或金属销子连接。墙体也用石砌块垒成，砌块平整精细，砌缝严密，不用胶结材料。现存的建筑物遗址主要有神殿、剧场、竞技场等公共建筑。根据所遗留下来的希腊建筑——帕提农神庙（图9.3），可以归纳出古希腊建筑的几大特点。

(1) 平面构成为 1∶1.618 或 1∶2 的矩形，中央是厅堂、大殿，周围是柱子，可统称为环柱式建筑。在阳光的照耀下，各建筑能产生出丰富的光影效果和虚实变化，与其他封闭的建筑相比，阳光的照耀消除了封闭墙面的沉闷之感，加强了希腊建筑的艺术特色。

(2) 3 种柱式的定型，即多立克柱式、爱奥尼柱式和科林斯式柱式，这 3 种柱式是在人们的摸索中慢慢形成的，而贯穿 3 种柱式的则是永远不变的人体美与数的和谐。柱式的发展对古希腊建筑的结构起了决定性的作用。

图 9.3　帕提农神庙

(3) 建筑的双面坡屋顶形成了建筑前后的山花墙装饰的特定手法。古希腊建筑中有圆雕、高浮雕、浅浮雕等装饰手法，创造了独特的装饰艺术。

(4) 古希腊人崇尚人体美，无论是雕刻作品还是建筑，他们都认为人体的比例是最完美的。古罗马建筑师曾在一则希腊故事中提到，古希腊的多里克柱式是模仿男人体的，而爱奥尼柱式是模仿女人体的。

(5) 建筑与装饰均雕刻化。希腊的建筑与雕刻是紧紧结合在一起的。可以说，希腊建筑就是用石材雕刻出来的艺术品，各神庙山墙檐口上的浮雕，都是精美的雕刻艺术。由此可见，雕刻是古希腊建筑的一个重要组成部分。

9.2.2　古罗马建筑

图 9.4　罗马万神庙模型

古罗马建筑是古罗马人沿袭亚平宁半岛上伊特鲁里亚人的建筑技术，继承古希腊建筑成就，在建筑形制、技术和艺术方面广泛创新的一种建筑风格。古罗马建筑一般以厚实的砖石墙、半圆形拱券、逐层挑出的门框装饰和交叉拱顶结构为主要特点，如万神庙(图 9.4)。古罗马的建筑分为 3 个时期。

(1) 伊特鲁里亚时期(公元前 8～前 2 世纪)，伊特鲁里亚曾是意大利半岛中部的强国。其建筑在石工、陶瓷构件与拱券结构方面有突出成就。罗马共和国初期的建筑就是在这个基础上发展起来的。

(2) 罗马共和国鼎盛期(公元前 2 世纪～前 30 年)，罗马在统一半岛与对外侵略中聚集了大量劳动力、财富与自然资源，在公路、桥梁、城市街道与输水等方面也进行了大规模的建设。除了神庙之外，公共建筑，如剧场、竞技场、浴场、巴西利卡等十分活跃，并发展了罗马角斗场。

(3) 罗马帝国时期(公元前 30 年～公元 476 年)，从帝国成立到公元后 180 年左右是帝国的兴盛时期，这时，歌颂权力、炫耀财富、表彰功绩成为建筑的重要任务，建造了不少雄伟壮丽的凯旋门，纪功柱和以皇帝名字命名的广场、神庙等。3 世纪后建筑活动长期不振，直至 476 年，西罗马帝国灭亡为止。

古罗马建筑能满足各种复杂的功能要求，主要依靠水平很高的拱券结构，获得宽阔的内部空间。大型建筑物风格雄浑凝重，构图和谐统一，形式多样。罗马人开拓了新的建筑艺术领域，丰富了建筑艺术手法。

9.3　古代埃及、希腊和罗马的室内空间

西方艺术的传统发源于古希腊和古罗马文化，但古希腊艺术却又曾经被古埃及艺术深深地影响过。建筑装饰上也是如此，古埃及室内多用壁画与浅浮雕，同时也影响着古希腊与古罗马。

9.3.1　古代埃及的室内空间

埃及的宗教，和其他的宗教一样，相信人死后的生活，但是埃及却特别注重对人尸体的保存。其次，他们认为放在坟墓内的殡葬品可以供木乃伊在来世使用。这样就使得坟墓内放的物品数量很大，例如往往放有象征性的房子和木船的模型。在坟墓和庙宇的墙壁上，有一些象形文字的内容及一些视觉图像，它们往往是画在粉刷的墙面上，或者直接刻在石块上。安奴必斯像(图 9.5)就是豺狗头的死神像，站立在墓室门前的通道两边，守卫着内部的墓室，在墓室内放着石棺。顶棚上布满了象形文字，而其意图则是神秘的，但其形式和色彩却将内部空间装饰得绚丽非凡，具有古埃及艺术的典型特征。

图 9.5　底比斯·帕谢杜法老墓，安奴必斯壁画

古代的埃及人创造了人类最早的第一流的建筑艺术以及和建筑物相适应的室内装饰艺术，早在公元 3000 年前，他们就会以正投影绘制建筑物的立面图和平面图，会画总图及剖面图，同时也会使用比例尺。从古埃及庙宇的平面布局可以看出人们在空间、墙壁和柱子的比例关系上已经应用了复杂的几何系统，同时带有神秘的象征意义。受到一定美学观念的影响，简单的双向对称成为古埃及人不变的理念。

古埃及人热衷于使用各种人物、故事场面、纹样等为母题对墙壁、柱面等处进行精细的雕刻，有的壁面甚至完全被雕刻所布满。如古王国第五王朝的作品《装饰门》(图 9.6)，实际上就是一件木刻品，门的三面刻满了象形文字和立于两侧的男女立像，门楣上有男女相对而坐，均以对称式结构，十分庄重和谐。柱面装饰更普遍，这一点在卡纳克神庙和卢克索神庙中都得到了充分的体现。埃及人喜欢应用强烈的色彩，颜色主要为明快的原色，如红色、黄色、蓝色和绿色，有时还有白色和黑色，后来渐渐只在直线形的边缘和有限的

范围内使用强烈的色彩，室内和顶棚通常涂以深蓝色，表示夜晚的天空，地面有时用绿色，象征着河流。

图 9.6　装饰门柱式的装饰

9.3.2　古代希腊的室内空间

古希腊的神话是古希腊艺术的土壤，它带给人们的一个重要美学观点是：人体是最美的东西。这种审美观念确实贯彻在整个希腊柱式的风格中，多里克柱式刚毅雄伟，而爱奥尼柱式柔美秀丽。

1．早期的建筑空间

(1) 米诺斯王宫 (图 9.7)。克里特岛上的种种考古发现，米诺斯人是天才的发明家和工程师。从米诺斯王朝的城市发掘中，可以看到每层结构都为土砖结构，只有一些较大的宫殿遗址要使用石料建造。最著名和最完整的宫殿遗址是位于克诺斯城的克诺斯王宫。这座王宫最初建造于公元前 2000 年，但公元前 1700 年被毁，后克里特人又以极大的热情投入到宫殿的重修中，并在随后的 200 多年里发展到了令人瞩目的高度。中央大院南北长约 51.8m，东西宽 27.4m，是整个建筑群的中心。所有房间都围绕着这个中心展开，浴室、厕所一应俱全，排水系统先进得令人惊讶，除了寝室、大厅等，王宫里还有多个巨大的储藏室 (图 9.8)。

(2) 迈锡尼卫城。迈锡尼卫城是迈锡尼文明的杰出代表，它建造在一个可以俯瞰平原的山头之上，周围用 6m 厚的巨石垒砌的石墙围护。卫城的内部以宫殿为中心，周围分布着住宅、仓库和陵墓等建筑，甚至还有一个蓄水池。宫殿的核心是一个大柱厅，称为"美加仑"，由 4 根上粗下细的柱子支撑，中央是一个大火炉，地板和墙面都装饰着色彩华丽的图案和壁画。

图 9.7　米诺斯王宫正厅与宝座

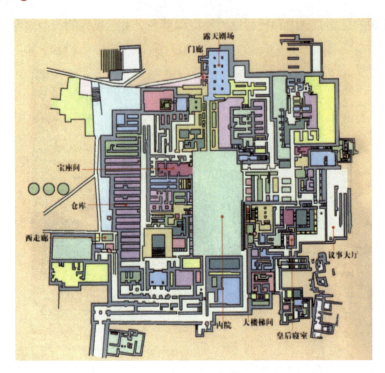

图9.8　米诺斯王宫平面图

2. 神庙建筑空间

希腊的神庙是从爱琴时代的正厅发展而来，原来正厅是作为宫殿的大殿，作为民主社会的一种要求，它逐渐发展成为神的宫殿。

(1) 帕提农神庙。帕提农神庙(图9.9)是古希腊神庙中最为杰出的代表，也是雅典卫城中最主要的建筑物，它集中体现了希腊人民的智慧和艺术成就。帕提农神庙采用了周围柱廊式的造型，平面为长方形，由两个内部空间组合而成，每个空间平面都遵循着1∶1.618 0的黄金比例关系。正面与背面都是八根柱子，两侧也都有一排柱子，形成周围柱廊式，在正面和背面还增加了一排六根柱子在入口的前面，导向神堂和宝库。在神堂内，许多柱子支撑着上面的夹层，再上面还有柱子支撑着屋顶。雅典女神像在神堂内占据着统治地位。

帕提农神庙的设计中还有一项重要造型手法的应用，就是综合地对视差进行了校正，如角柱加粗，柱子有收分和卷杀，柱子均微微向内倾斜，中间柱子的间距略微加大，边柱的柱间距适当减小，把台阶的地平线在中间稍微突起等，以纠正光学上的错误视觉，使建筑的整体造型和细部处理精致挺拔。

(2) 伊瑞克先神庙。伊瑞克先神庙规模不大，根据地形和功能的需要，成功地应用了不对称的构图方法，打破了庙宇建筑上一贯采用的严整对称的平面传统，成为古希腊神庙建筑中

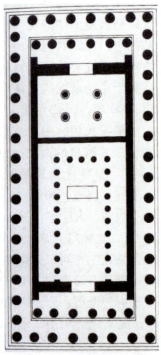

图9.9　帕提农神庙平面图

的特例。神庙由三部分组成,以东方神殿为最大,北面门廊次之,南面女像柱廊最小。神庙东立面采用的爱奥尼柱式是古典盛期的杰出代表,细长比为1∶9.5。轻盈柔美,同时,在南部突出部分的矮墙上,用6根女像柱支撑着檐部(图9.10),每个雕像都双手自然下垂,每个雕像都向中间微倾,既校正视差,又达到了稳定和整体的艺术效果。

图9.10 伊瑞克先神庙女像柱

3. 世俗性建筑空间

除了神庙以外,古希腊的主要建筑类型并不一定强调封闭的室内空间,希腊的剧场是敞开天空和大自然的,它带有一层层露天的座位环绕成半圆形,一个圆形的乐池作为舞台之用,如埃比道拉斯剧场(图9.11),它坐落于伯罗奔尼撒半岛的群山怀抱之中,中心表演区直径约20m,用夯实的泥土筑成,歌坛前面是建在环形山坡上的看台,如同一把巨大的折扇,直径113m左右,32排坐椅,以过道相连,分上下两部分。该剧场体现出了很高的设计理念,可以很明显地看到其形式与今天的礼堂,报告厅,电影院等室内空间的关联性。

希腊的住宅一般都是单一的组合形式,围绕着一个露天的院子进行房间的布设。城市中的一些住宅紧邻着街道,除了入口之外,大部分外墙都是光的。建筑材料主要是日晒砖,有时也用粗石砌筑并将表面粉刷成白色。平面布置的变化根据不同家庭的喜好而定,但很少有对称或其他规则式的布置。厅堂是一种带门廊的客厅,与入口靠近,主要为男主人和他的朋友使用。另外,露天的院子常被柱廊所围绕(图9.12),这是一种多用途的起居与工作空间,还有厨房和卧室,这些空间主要供妇女和儿童使用。较大一些的住宅有时也有二层楼,但极少有两个院子的住宅。从考古发掘的一些资料还可以看到,用陶砖铺面的浴室和管道设施在当时已不少见,但有些证据只能说明房间一般是普通的光墙面,表面刷成白色,地面是夯实地,有时也用砖铺设。

图9.11 埃比道拉斯剧场

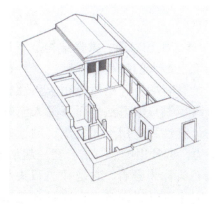

图9.12 希腊住宅复原图

9.3.3 古代罗马的室内空间

古罗马建筑空间在继承了古希腊建筑的基础上广泛创新,规模大、分布广、类型丰富、艺术形式完善、设计手法多样、结构水平很高,达到了奴隶制社会建筑的最高峰。

1. 建筑技术上的发展

(1) 天然混凝土。古罗马在工程技术上发明了以火山灰为基本材料的混凝土,混凝土的优点在于可根据模板,浇铸出所需的形状。这比用石头凿出所需的形状速度快、成本低,为大规模地开发提供了基础。混凝土工程技术的发展,为拱券结构的出现提供了现实条件。可以说没有混凝土技术的创新,就没有拱券结构。起初这种天然混凝土被用来填充石砌筑的基础、台基和缝隙,大约公元前2世纪,开始成为独立的建筑材料,到公元前1世纪中叶,天然混凝土在拱券结构中几乎完全取代了石块,结构非常稳定。

(2) 古罗马五柱式(图9.13)。罗马人继承了希腊柱式,根据新的审美要求和技术条件加以改造和发展。他们完善了科林斯柱式,广泛用来建造规模宏大、装饰华丽的建筑物,并且创造了一种在科林斯柱头上加上爱奥尼柱头的混合式柱式,更加华丽。他们改造了希腊多立克柱式,并参照伊特鲁里亚人传统发展出塔斯干柱式。这两种柱式差别不大,前者檐部保留了希腊多立克柱式的三陇板,而后者柱身没有凹槽。爱奥尼柱式变化较小,只把柱础改为一个圆盘和一块方板。塔斯干、多立克、爱奥尼、科林斯和混合式,被文艺复兴时期的建筑师称为罗马的5种柱式。另外,罗马人创造了新的柱式组合,最重要的是券柱式。

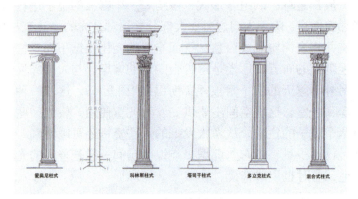

图9.13　古罗马五柱式

(3) 券、拱和穹顶。拱券结构是罗马人在空间构筑上最大的特色和成就之一。在古代埃及与希腊时期就开始用应用永久性材料做成券来跨越洞口的方法。而罗马人充分探讨了券的可能性和应用于大型建筑创造室内空间的能力。券是用楔形石结合在一起形成的,每一块石头称为券石,它是邻边石头共同支撑的。因此可以用许多小石块组合起来跨越宽阔的门洞,远非单根石梁所能及。券经常做成弧形,常见的是半圆形被称为罗马券(图9.14)。券可以跨越宽阔的门洞,把券简单地并排起来形成的拱称为筒拱,或为隧道拱。

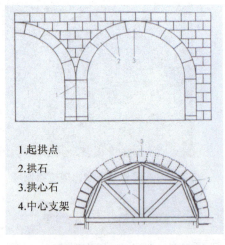

图9.14　典型的罗马券与施工中的券和中心支架

随着拱券技术的进一步成熟,罗马人还发展了穹顶结构,这是一种圆形的拱顶,呈半球形或比半球小一点。一座穹顶只能覆盖一个圆形空间,并沿它的周边进行支撑。

2. 庙宇建筑空间

万神庙是古罗马最主要的庙宇建筑空间,也是拱券建筑的杰出代表,其内部空间(图 9.15)的高度和跨度均以一个直径为 43.43m 的圆为基础形式,墙厚 6.2m,上部为一个半球形的穹隆顶,顶的正中央开有一个直径 8.9m 的圆形天窗,是整个室内空间唯一的采光口。周边墙体上开有 7 个壁龛和 8 个封闭垂直的空间以减轻自重。神殿的内部空间处理得很统一,壁龛的立面都做成用两根科林斯柱子支撑一檐部的造型,墙面和柱子都用大理石装饰,室内感觉和谐统一。穹隆顶用凹陷的方形图案作装饰,减轻屋顶自重的同时构成了由下至上逐渐缩小的五排天花,加上顶部采光产生的阴影变化,使室内空间取得了奇异而幻妙的效果。

图 9.15　万神庙穹顶与内部空间装饰

万神庙简单的风格掩饰了它设计和施工的复杂性。表面的大理石薄板掩饰了内部的砖块拱顶和用来支撑它的混凝土浇筑结构。穹顶内像盒子一样的方形结构可以帮助减轻石料的重量。也许曾经还镶嵌有镀金的铜质玫瑰形或星星形状的饰物,以构造一个人间天堂。

3. 公共建筑空间

罗马人的审美倾向和生活态度催生了罗马的公共建筑,使公共室内空间的发展得到了巨大的发展。

图 9.16　罗马圆形竞技场

(1) 竞技场。罗马圆形竞技场(图 9.16),建于公元 72—82 年间,是古罗马文明的象征。遗址位于意大利首都罗马市中心。从外观上看,它呈正圆形;俯瞰时,它是椭圆形的。占地面积约 2 万平方米,最大直径为 188m,小直径为 156m,圆周长为 527m,围墙高为 57m。斗兽场的看台用三层混凝土制的筒形拱上,每层 80 个拱,形成三圈不同高度的环形券廊,最上层则是 50m 高的实墙。看台逐层向后退,形成阶梯式坡度。每层的80个拱形成了80个开口，最上面两层则有80个窗洞，观众入场时就按照自己座位的编号，首先找到自己应从哪个底层拱门入场，然后再沿着楼梯找到自己所在的区域，最后找到自己的位子。整个斗兽场最多可容纳9万人，却因入场设计周到而不会出现拥堵混乱，这种入场的设计今天的大型体育场依然沿用。

(2) 公共浴场。罗马人的主要社交活动之一就是洗澡，而公共浴场则是竞技场之外的另一个建筑杰作。帝国时期，很多皇帝都建造公共浴场来笼络无所事事的奴隶主和游氓，质量和工艺都得到了极大的提高，浴场基本上都具有采暖设施，地板、墙体，甚至屋顶都设有管道，用于输入热水或热烟，因此较早地抛弃了木屋架，成为公共建筑中最早使用拱形的建筑物。公共浴场最杰出的代表是卡拉卡拉浴场和代克利先浴场。

卡拉卡拉浴场的主体建筑长228m，宽115.8m，平面近于长方形，呈对称式布局，可同时容纳1 600人沐浴。中央大厅为温水浴室，宽55.7m，进深24m，长方形平面，采用3个十字拱横向相接。露天浴场、温水浴室、热水浴室，以及它们之间的过厅构成主体建筑物的中心对称轴，其他入口、门厅、更衣室、小间热水浴室、小间温水浴室、按摩室、柱廊等大小空间对称地布置在该轴线两侧，轴线上空间的纵横、大小、高矮、开合交替变化，空间流转贯通丰富多变。主体建筑内部用大理石贴面，所有厅堂和空间的墙壁及地面都有彩色的云石和碎棉石装饰，镶着马赛克，绘着壁画；并在空间内部陈设着精致的柱式和雕像，十分富丽豪华。

代克利先浴场由代克利先皇帝建造于306年，主体建筑比卡拉卡拉浴场规模更大，长240m，宽148m，可容纳3 000人同时洗浴，一部分后来被改建为圣玛利亚教堂，因而，其中采用混凝土交叉拱结构的冷水大厅和穹顶直径为20m的温水浴室得以幸存至今。

4. 世俗性建筑空

(1) 巴西利卡。古罗马的巴西利卡是用做法庭、商业贸易和会议的大厅，长方形平面，两端或一端由半圆形龛，主体大厅被两排柱子分成3个空间或被四排柱子分成5个空间，中央比较宽的是中厅，可以适应法庭诉讼、审判的需要；审判席可以位于建筑端头半圆形龛内的高台上；侧廊造得比中厅要矮些，所以在中厅上部的墙面上可以设置高侧窗，建筑结构一般是石墙支撑着木质屋顶。这种建筑容量大、结构简单，逐渐发展为基督教堂的基本形式，对后来的建筑空间起到了决定性的影响。

(2) 住宅。古罗马人以实用主义为原则，这使得市民的家居生活变得更为丰富多彩。其居住性建筑大致有两类，一类是沿袭希腊晚期的四合院式，或明厅式；另一类是公寓式的。四合院式的典型代表是潘萨府邸和维蒂住宅(图9.17)，其中心一般是一间矩形大厅，屋顶中央是一个露天的天井，地面的相应位置有一个池子可以盛装雨水，周围有柱廊支撑着木构的瓦屋顶，住宅房间的窗户很小，光线主要从门洞射入，由于门大都面向庭院，所以可以保证足够的采光。住宅内有鲜艳的壁画，陈设着三脚架和花盆，甚至还有雕像，有些房间不开窗户，而

图9.17　维蒂住宅的壁画

用壁画来模拟宽广空间的幻觉,如将墙面刷成深色,画上花环、葡萄藤、小天使等,或者在墙上画透视深远的建筑物和辽阔的自然景色,而住宅的后院大都是柱廊围绕的花园。多数公寓底层整层住一户,带有院落;低级一些的,底层开设店铺,作坊在后院,上面住人;最差的,每户沿进深方向布置数间房间,通风和采光都比较差。

9.4 古代埃及、希腊和罗马的家具与陈设

恩格斯曾说:"没有希腊和罗马奠定的基础,就不可能有现代的欧洲。"同时古希腊家具文化也受到埃及等东方家具的影响,采用了高靠背、高座位等表现权势的形式。现在家具实物基本没有存留,只能从建筑、墓碑的浮雕及瓶画上研究并了解这一时期的家具文化。

9.4.1 古代埃及的家具与陈设

关于埃及家具的资料主要有两个来源,一个是壁画中对皇家贵族住宅内日常生活场景的再现;另一个是坟墓中遗留下来的一些实物,包括椅子、桌子和橱柜等。其中许多家具装饰富丽,既具有使用功能,又可作为主人财富和势力的表现。比较典型的椅子是一个简单木骨架带有一些坐垫,其中坐垫以灯心草或皮革带编织而成,腿椅的端部经常雕刻成动物的脚爪形。土坦克哈曼法老墓中出土的一些精美器具可作为古埃及家具的典型例证,它们都具有埃及独特的色彩和装饰花纹,其中的礼仪宝座(图 9.18)只能从椅腿上看到其乌木的基本结构,椅面上镶嵌着黄金和象牙,板面涂有油漆和象征性的符号,坐椅的功能从属于财富、地位和权力的表现,这一点在丰富的材料和精细的手工工艺中得到了充分的反映。

图 9.18 礼仪宝座

另一些遗存的小用品,陶器和玻璃花瓶体现了古埃及当时的装饰风格,有些小木盒常常还镶嵌有象牙装饰,用以存放化妆品和私人装饰品(图 9.19)。这些用具在设计中非常注意其几何形的比例关系,尤其是黄金分割比的关系。遗留下来的一些纺织品也说明了当时的埃及人已经具有高超的纺织技术。

(a)　　　　　　(b)　　　　　　(c)

图 9.19 法老墓中出土饰品

(a) 金制饰;(b) 彩绘盒子;(c) 愿望杯

9.4.2 古代希腊的家具与陈设

(1) 家具。古希腊的家具没有实物遗存,但可以从希腊绘画的形象上,尤其是花瓶和其他陶器上的绘画形象中得知一个家具设计的大致概念。有一个浮雕(图9.20)上的形象可以说明一把椅子的优美造型。它的背部有一点微微的弯曲,由角上的杆子支撑,一直延伸到后面的椅腿。座位是用圆边的木构件做成开敞的方形框架,坐垫也许是用皮革编织而成。椅子的前后腿都有明显向外弯的曲线,具有克利斯莫椅曲线椅式样的特征。这种形式喻示着弯曲的动物形象,它很可能早在克利斯莫椅中已经应用过了。它并不是一种符合结构逻辑的形式,而因此就产生了问题,即这种椅子怎样能适应强度的要求。这些椅腿很可能是用直的构件弄弯的,是否当时已经发明了用蒸汽弯曲的技术,或者也许是从树上选择弯曲的树枝以适应要求的曲线。现代人正试图再复制古代希腊的椅子和其他的家具,但都未能成功。

图9.20 希吉斯托石碑浮雕

(2) 陈设。古希腊早期的造型艺术起源于公元前9世纪至公元前8世纪,在带有简单几何纹样的陶器上,他们把哀悼死者的场面按程式化的构图描绘在上面,哀悼者举手向头,整齐地排列于左右两侧,风格极其简约朴素。陶器是古代希腊人的生活必需品和外销商品,具有实用和审美意义。希腊陶器(图9.21、图9.22)工艺先后流行3种艺术风格,即"东方风格"、"黑绘风格"和"红绘风格"。东方风格指公元前7世纪至公元前6世纪流行的一种陶艺,由于对东方出口,因此考虑到东方人的审美习惯,主要以动植物装饰纹样为主,有时直接采用东方纹样,增强了装饰趣味,将动植物加以图案化。黑绘风格指在红色或黄褐色的泥胎上,用一种特殊黑漆描绘人物和装饰纹样的陶器。红绘风格与黑绘风格相反,即陶器上所画的人物、动物和各种纹样皆用红色,而底子则用黑色,故称红绘风格。流行于公元前6世纪末到公元前4世纪末。这种风格优越处在于灵活自如地运用各种线条刻画人物的动态表情,充分发挥线条的表现力。

图9.21 古希腊白绘陶杯

图9.22 古希腊陶器

9.4.3 古代罗马的家具与陈设

古罗马家具是在古希腊家具文化艺术基础上发展而来的。在罗马共和国时代,上层社会住宅中没有大量设置家具的习惯,因此家具实物不多。帝国时代开始,上层社会开始使用一些价格昂贵材料制作的家具,古罗马的现存的家具和室内陈设由不易燃烧的材料构筑而成,如石头的躺椅和桌子,铁和铜质的油灯、花盆和一些铜镜等。一张装饰精美的用于贵族家庭的罗马床或是躺椅,能依靠遗存的黄铜碎片复原。更为轻便和简洁的,以功能为主的椅子,通常都是用藤柳制成(图9.23)。

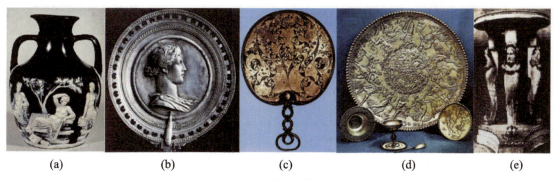

图 9.23　古罗马的家具

(a) 波托拉顿之壶；(b) 人像纹银镜；(c) 凯尔特铜镜；(d) 古罗马银器；(e) 古罗马家具

此外,古罗马出现了现在最早的关于建筑空间营造的理论著作《论建筑》,即后来的《建筑十书》,它由古罗马建筑师维特鲁威写于公元前90年至公元前20年间,书中涉及了许多技术性资料,如筑城技术、砖和混凝土的使用、机械、时钟、供水系统的构造等,以及关于设计师的培养教育。书中还论述了许多具体的建筑类型,如神庙、公共建筑和住宅等,讨论了相关的美学问题,并对罗马的多立克柱式、爱奥尼柱式和科林斯柱式进行了深入的阐述。将设计的目标定义为实用、坚固、美观三要素。该书直到今天依然被认为在了解设计内涵上具有独到的见解,其中所提供的一些资料成为研究古代西方建筑及室内空间的主要依据。

本 章 小 结

本章对西方古代埃及、两河流域和伊朗高原的建筑、古代希腊、古代罗马的建筑作了一个简单的介绍。对古代埃及、古代希腊、古代罗马3个时期的室内空间与家具陈设作了重要介绍。

本章的教学目标是使学生掌握古埃及、古希腊、古罗马3个时期的建筑和建筑室内空间的形式与风格,特别是古希腊、古罗马两个时期,为以后的建筑与室内设计奠定坚实的基础。

【实训课题】

(1) 内容及要求。

① 选取一个西方古代时期具有代表性的建筑,收集图片及相关资料,分析研究它的建筑及室内装饰特点,完成一份调研报告。

② 根据相关资料描绘罗马万神庙的平面图与立面图。

(2) 训练目标：掌握西方古代时期建筑的特点。

【思考练习】

(1) 古代埃及建筑的特点。

(2) 古代希腊室内空间的特点。

(3) 古代埃及、古代希腊、古代罗马室内设计上的异同点？

第10章
中世纪建筑室内空间
——具有浓厚的宗教色彩

知识目标

了解拜占庭西欧中世纪建筑、晚期中世纪哥特建筑以及早期基督教、拜占庭与罗马风的发展概况;掌握中世纪的室内空间特征,家具及陈设品的设计。

重难点提示

重点:中世纪哥特式建筑的特征。

难点:中世纪建筑室内空间几种风格之间的共性和差异性。

【引言】到公元400年左右，罗马的世界统治地位急剧衰落，罗马帝国分裂为东西两个帝国，各自都有自己的首都和皇帝。在北欧蛮族即罗马人所称的汪达尔人的入侵压力下，西罗马帝国最终走向了灭亡。经过了激烈的竞争之后，基督教终于登上了统治舞台，其中心向东移至君士坦丁堡（今天的伊斯坦布尔）。

在设计史上，一种倾向相互冲突抵触的时期由此开始，它是伴随着欧风的成长而来的，人们常称为早期基督教设计。在这段时期中，集中在东罗马的艺术作品被称为拜占庭式，此后，罗马风的出现才逐渐统治了中世纪欧洲的设计。设计史中的这些潮流统治了中世纪欧洲且交叉重叠，极为混乱，以致从罗马城"沦陷"开始，即通常所指的410年，到1000年或1100年止，其中的这段时间看起来颇为动荡不安。

10.1　早期基督教、拜占庭与罗马风

10.1.1　早期基督教

公元313年，基督教被罗马皇帝君士坦丁钦定为国教，这对于基督教徒来说代表着他们可以放弃原有的秘密集合和殓葬之场所而以合法的身份公开露面。像洗礼这样的宗教仪式，即使是做弥撒等活动都迫切呼唤着新的建筑类型的出现。早些时候的神庙并不用做公众集会，但基督教堂却主要是个大礼堂，群众可以聚集起来观看和参加宗教仪式。为满足这一需求，基督教徒们只得借助于他们所需相近的罗马建筑类型来勉强为其用，这就是巴西利卡，罗马人用做法庭的公众集会大厅。

早期的基督教巴西利卡教堂都有一个高高的中厅，适于公众聚集和礼仪活动。中厅一端的半圆壁内，布置有祭坛以及神职人员做弥撒和其他宗教活动的一些摆设。中厅边上带有侧廊，大的教堂有时会有双侧廊，主要用做公共空间或摆放圣物箱以及满足其他附属功能。中厅高过侧廊，日光通过高侧窗照亮中厅室内。教堂墙体用石砌，屋顶则由大的木构件覆盖。中厅上部的墙体由密排柱子承托着过梁或拱券来支撑。高度的变化以及呈线性排列的柱子在中厅和侧廊之间形成明显分界。后来的许多教堂建筑均是以这种巴西利卡教堂的简单构造方式为基础发展起来的。在早期基督教时期，建筑细部还演化发展了几种不同的样式。地面常用有色石头铺砌着几何图案并有强烈的颜色(图10.1)。柱子一般以某种罗马柱式为基础，有时为爱奥尼柱式，大多数采用的是科林斯柱式。建筑材料为石头，通常都是色彩丰富的大理石。柱子上部的墙面多绘有壁画，上部半弯顶的天顶上也绘有壁画或是镶嵌有马赛克拼贴图，阐释着宗教主题。建筑材料，甚至带有柱头的完整柱子，常取自早先罗马的神庙和其他建

图10.1　**基督降生教堂马赛克铺地**

筑，因此，可以说，罗马式的设计转化为巴西利卡教堂是采取了直接搬用的方式。

罗马城外的圣保罗教堂以及圣玛利亚·麦乔里教堂就是上面这种巴西利卡形制的例子，尽管在后来的精心装饰中这两座大型巴西利卡教堂被改造得面目全非了。规模小的教堂如在罗马的科斯梅地的圣玛利亚教堂(公元772—795年，图10.2)和在拉韦纳的克拉斯地方的圣阿波利纳尔教堂则在后来的重建中改动较少。在科斯梅地的圣玛利亚教堂的中厅后面有一个部分封闭的区域，几乎就是建筑中的建筑，这部分用来作教堂的圣坛或唱诗班的席位。这一要素渐渐成为教堂建筑的重要组成部分。

图10.2　圣玛利亚教堂

宗教建筑也可以选择圆形或八边形平面布局，平面中心处集中布置有洗礼池、祭坛或坟墓。罗马的圣科斯坦查教堂(公元350年，图10.3)和圣斯蒂芬诺教堂(公元468—483年，)均采用了这种行制。尽管这种半径对称的平面布局方式为许多基督教堂采用，但双轴线对称且具有朝向祭坛强烈方向感的巴西利卡形制更为人们喜爱。在巴西利卡教堂中，常会对室内东端加以布置以确定一个朝东的方向性，从而明确其象征的重要性(朝向圣地)。在这两种教堂设计中，教堂内部都有色彩斑斓的壁画和马赛克镶嵌画，在日光照射下，越发使室内熠熠生辉。与

图10.3　罗马的圣科斯坦查教堂

此同时，这些图画作品还充当了说教工具，即通过直观的方式将重要的宗教历史事件揭示给没有文化的信徒。

10.1.2　拜占庭

(1) 拜占庭设计。罗马迁都于拜占庭(公元330年)并由君士坦丁大帝更名为君士坦丁堡，以致罗马帝国最终分裂成东西两个帝国，于是一个新的发展中心诞生了。

拜占庭建筑与设计在东方发展的影响又传回意大利，并与那里同时期发展的早期基督教设计结合起来。在拉韦纳，即君士坦丁堡之东罗马帝国的西郊，可以看到这两种风格在同时发展。拜占庭作品中，古罗马建筑的经典细部几乎已消失殆尽，仅剩有限的为人们喜爱的东西以及柱子和柱头这样可以自由运用的基础构建。尽管如此，古罗马的工程技术却保留下来，并随着穹顶与拱顶建造技术的应用而得到进一步的发展。拜占庭的瑟古斯和巴楚斯教堂建设于527年，后来在1453年又被用于清真寺。从红绿色大理石柱支撑着的阳台层上，可以俯瞰覆有穹顶的八边形中央空间。它通常被认为是几年之后出现的大教堂的一个小祖先。

拉韦纳的克拉斯地方的圣阿波利纳尔教堂是一座巴西利卡教堂，内部卓绝的马赛克艺术既是装饰品又向人们阐述着宗教教义。圣维达尔教堂(公元532—548年，图10.4)采用的是八边形集中式平面布局，穹隆顶用中空的陶器构件建造，这样可以减轻结构的重量。圣坛从八边形的一个面伸出，这使得教堂呈现出极为暧昧的特征，即整座建筑看起来既似中心对称又仿佛轴线对称。总的说来，这座教堂可以看做既是与罗马教堂有关系的早期基

督教作品的范例,同时又是拜占庭建筑的代表作。后者风格上的魅力在于装饰丰富的室内,墙表面覆盖着彩色大理石拼成的复杂几何图案和阐述宗教题材的马赛克镶嵌画(图10.5)。中央空间被一圈回廊环绕着,回廊上面是楼座部分,随柱排列的半圆龛形成中央空间与周围空间的联系纽带。柱子暗示了罗马渊源,但柱头却雕刻成抽象的形式,这样更接近于近东血统。日光自高侧窗照射进来,为教堂创造了一种暗示神秘宗教信仰的氛围。

图10.4　圣维达尔教堂　　　　图10.5　马赛克镶嵌画

(2) 圣索菲亚大教堂。拜占庭作品最辉煌的代表是位于君士坦丁堡的圣索菲亚大教堂(公元532—537年,图10.6、图10.7)。教堂内部令人震撼的巨大空间来自其高超无畏的结构体系。关于将圆屋顶放在任何形状而不仅是圆形空间之上这一问题,尽管罗马人早已研究过了,但却从没能够彻底解决,直到拜占庭建设者发展了帆拱。帆拱是一种设计手段,即将三角楔形球面填充在以直角相交的两个相邻的圆券之间的空间内,然后向上伸至顶部形成正圆。圣索菲亚大教堂中,其中心直径达107英尺(约33m)的砖砌穹顶就是以帆拱的方式来支撑的。中央空间左右两侧的拱券被封闭,底层均用实墙,楼层的通廊则用券柱拱廊支撑,前后两个拱券是开敞的,面向各自后面更小的半圆穹窿空间。放在帆拱上的中央大穹顶,其几何形状可以理解成将一个半球形圆屋顶切掉四部分,从而将半球形转化成方形,这样只需在正方形四角加以支撑。圣索菲亚教堂中,帆拱四角依靠前后两个半拱顶和外部两侧坚固的石墩支撑着。帆拱上部穹顶下方,有40个环状排列的小窗,光线透过它们照亮了室内,同时,这些小窗还使穹顶产生一种宛如不借依托飘浮在空中的奇妙效果。

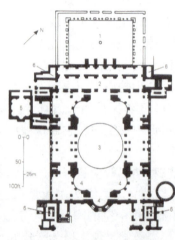

圣索菲亚大教堂被改成清真寺后,其内部的马赛克镶嵌面被涂抹掉了,这是因为伊斯兰禁律有所规定,即禁用表现现实的艺术题材。较之小一些的圣依若教堂(公元740年)包含了一个覆有穹顶的部分巴西利卡长方形教堂室内。此后(10世纪~11世纪)才出现的威尼斯圣马可教堂(图10.8),则保留了教堂内部雕刻精细的唱诗

图10.6　圣索菲亚大教堂　　　图10.7　圣索菲亚大教堂平面

班隔屏，圣坛陈设以及马赛克镶嵌面。这座以5个穹顶来覆盖其希腊十字平面布局的建筑极可能是拜占庭教堂室内处理最完整也是最好的例子。

10.1.3 罗马风

直到查理曼大帝(公元771—814年)建立新的集权中心开始，黑暗时代的"暗无天日"才逐渐退出历史舞台，让路给艺术家启蒙运动新风格，这些新的艺术形式是和生活中其他方面同时发展的。术语"加洛林氏"(来自查理的名字)用以描述这一时期的作品，这些作品可以看做是罗马建筑与艺术的早期阶段。罗马风术语的产生则是由于不断使用罗马设计的某些方面，特别是半圆形券以及其他罗马室

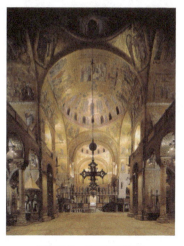

图10.8 圣马可教堂

内细部的翻版。鉴于以上的原因，罗马风与罗马建筑之间含蓄的联系常会使人产生一些误解。其实，在中世纪早期，罗马帝国的文化和艺术都已大部分被遗忘掉了。

在查理曼首都亚琛有一座巨大的宫殿，被认为是以秩序和对称的概念建造的，可以说是罗马风样式的集中体现。目前，整座宫殿只剩一个小礼拜堂留下来(图10.9)，这是一座集中式八边形平面布局的建筑，屋顶采用八边形穹顶，底层周边有回廊，回廊上是楼座部分。半圆形券和筒形拱顶唤醒了人们对古罗马技术的回忆。这座小礼拜堂的本来面目已被后来的建造活动所掩盖，不过室内倒是保持了原样。

罗马风设计最易识别的视觉元素是半圆形券，它是保留下来并继续使用的最先进的结构技术——很显然，对这项古罗马主要技术手段的重新发掘是出于建造石建筑的需要。

木材是日常建设中的常用材料主要用于石建筑中的地面层和楼板层。拱顶最终仍被用于在建筑中，对耐久性的渴望是对其重新使用的最好证明。早期罗马风建筑只采用简单的筒拱，固定不变的半圆形。最后，较复杂的拱顶体系终于发展了，并且出现了交叉拱，但始终沿用了半圆的形式。

教堂的长条形中厅上常布置着石砌的筒形拱顶，这是罗马风时期以多种方式进行探索的一个问题。一般来说，较长的筒形拱可赋予空间连续性但却导致开窗困难，从而使室内较为阴暗。其他一些解决方法倾向于将中厅分成几部分，各部分拥有独立的拱顶，或是退化到使用耐久性差的木屋顶。在法国图尔尼，圣菲利伯特教堂(公元960—1120年)中厅高于毗邻的交叉拱覆盖的侧廊，中厅屋顶是一系列横向筒拱，筒拱侧推力两两相邻抵消，因此可在高侧窗部位开较大的窗。尽管多个筒拱可提高室内照度，但其室内效果却破坏了中厅的统一感，因此，这一探索仅停留在试验阶段而没有再使用过。同样是在圣菲利伯特教堂，有一个两层的门廊或前厅，近似于德国的西前厅的概念。带有圆形的圣坛为一曲线走廊环绕，走廊周边放射布置着多个小祈祷室，这种形制的圣坛成为后来法国教堂建筑的典型特征。

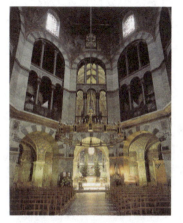

图10.9 帕拉丁小教堂

10.2 晚期中世纪哥特建筑

知识链接

约在公元 1250 年以后，随着封建主义日渐稳固以及生活各方面的逐步提高，建造工艺、木工手艺、金属品制作、编制技术都已制造出种类繁多的产品。室内设计知识，特别是有关室内空间的知识此时得到了极大的加强，这需归功于对手抄本插图的广泛使用，这些手抄本是由当时的僧侣艺术家和宫廷插图作者编绘 (图 10.10) 的。如今，这些手抄本又是为历史学家提供信息的重要来源。

10.2.1 哥特式风格要素

高大城墙包围的城市，规模宏大和精心防御的城堡，马背上全副武装的骑士，宏伟的大教堂及它们的着色玻璃、飞扶壁、滴水兽——所有这一切构成了我们对 12 世纪到 14 世纪欧洲的印象。这个时代的特征是认识到哥特式这种建筑的重要性，并且用哥特式 (Gothic) 来称呼这种建筑风格。术语"哥特式"最初是贬义的：它开始用于中世纪之后，当时，中世纪的作品被认为是原始粗野的——就像西哥特人的作品，而这些作品正是被认为缺乏后继时代作品的品味和典雅。

(1) 壁画。在哥特教堂的石结构中，日益复杂的设备，金属格栅和大门、雕花石屏、祭坛和坟墓、木制的长排坐椅、宝座以及布道台，在中世纪晚期都得到了发展。适用于石结构的装饰及具像雕塑与唱诗席及传教士位子上的木刻很相配。而烛台、礼拜仪式用具、绣花织物缝制的法衣则是教堂内的活动因素，主要用在祭坛和讲经台上，这些要素使整个哥特教堂显得富丽堂皇、色彩斑斓。阐释宗教主题事件的壁画一般布置在祭坛的后部——无论是中厅的主坛还是其他侧面的小礼拜堂中的祭坛，两者均如此。祭坛画常布置成三联一组的形式，即一个中央画板和两个翼部画板，翼部画板用铰链和中央画板连接，布置在后者的两侧，当翼部画板折叠闭合时，其形状正好与中央画板相吻合。这些像门一样的画板，其朝外的面可以有绘画和雕刻，一般颜色比较淡雅温和，因此，在画板需要打开时的一刹那，强烈对比之下，三联一组的壁画可能呈现出一幅光彩夺目的景象。教堂中的色彩也用在墙面及拱顶画中。像上面所述这样的室内处理留下的实例通常在近代都复原或重修过，或是对其加以覆盖或是移走，仅剩下泛着本色的石头。

图 10.10　中世纪的宴会图

(2) 彩色玻璃。哥特教堂最重要的色彩要素来自着色玻璃。这一术语多少会使人产生些误解，仿佛是将玻璃制成透明的，然后再染上颜色，其实不然，真实情况是：制造玻璃的过程中，将复合颜色溶解在玻璃中，复合颜色是通过添加不同的着色剂获得的。玻璃被吹制或浇注成小块，因为当时还不存在制造大块玻璃的技术。为了建造大一些的窗户，人们就是用 H 形铅条将小块玻璃拼装起来，玻璃镶嵌在铅条的交叉区域内。这种建造大窗户的方式促使了对图案和肖像的使用。强烈明快的色彩——主要是红色和蓝色，间杂着琥珀黄和一些绿色——组合起来构成了圣人与圣经人物的形象，这些画像讲述着宗教传说和故事。不难看出，玻璃上的画像成为教堂说教的一种重要方法。在群众缺乏阅读的能力，又没有带插图的书籍或其他绘画材料可用的年代，当群众在教堂集会时，这些窗上的画像不失为一种很有效的"视觉帮助系统"。进入阴暗的教堂内部，墙面上闪烁着色彩斑斓的玻璃窗更是一次令人心动的经历，必定都被深深打动和说服过（图 10.11）。

(3) 装饰细部。哥特时期发展了自己的细部装饰语汇，用以取代古典柱式的抽象语汇以及檐下齿饰，希腊的典型装饰，蛋形和标枪形等细部装饰物，以及一些其他类似的形式也都换用了较新的样式，这些样式常利用自然形作基础（图 10.12）。像三叶饰（三片叶子一组）和四叶饰这样的树叶装饰和卷叶形花饰（突出的叶形装饰）结合起来，形成了一种新的装饰风格。阐述宗教主题的雕塑采用的是圣人和殉道者的形象，与怪诞的雕刻和令人恐怖的滴水兽结合，既作为教堂的装饰又起着说教的作用。着色玻璃被石窗棂划分成流畅的窗花格。所有的这些哥特要素都使得设计越来越自由，而不必再拘泥于任何系统性规则，诸如与古典装饰有关的那些规则。

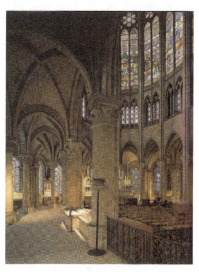

图 10.11　圣丹尼斯修道院

图 10.12　沙特尔大教堂装饰图案

10.2.2　新构造技术

12 世纪下半叶，哥特建筑富有创造性的架构体系使所有形式的问题都迎刃而解，骨架券、尖券、飞扶壁形成了连续的结构，使哥特教堂的整体性更强了，因此，哥特教堂的室内空间比罗马风时期的更为精炼，效果也更加生动。今天所看到的精致而华美的哥特式建筑空间形态无不得益于此。

(1) 骨架券和尖券。哥特式教堂使用骨架券作为拱顶的基本承重结构，十字拱便成了框架结构体系，填充围护部分可以薄到 25～30cm，极为省材，拱顶的自重大大减轻，对墙面的侧推力也减少了。同时，骨架券使各种形式的平面都可以用拱顶覆盖，祭坛外的环廊和小礼拜堂的拱顶问题也得到了解决，圣德尼教堂圣坛部分对这一新结构的应用就取得了极大的成功（图 10.13）。

这种结构的基本做法是，在方形基础的对角线上建造半圆拱券，而四边的拱券为了让最高点能与对角线拱券的最高点平齐，而且便于制作，突破性地应用了尖券的形式，使得所有的拱券，四周的、对角线处的都拥有了同一高度（图 10.14），从而使高屋脊以一道连续直线的形式纵贯建筑中厅不被打断，尤其是教堂得到了有效的视觉统一方式。尖券迅速取代了半圆形拱券，而且这种形式不仅适用于顶部，在教堂的门、窗甚至未涉及结构问题的装饰细部都得到了广泛的应用。

(2) 飞扶壁。飞扶壁是哥特式建筑所特有的，这是一种在中厅两侧凌空越过侧廊上方的独立飞券。一端落在中厅每间十字拱四角的起脚处，抵制顶部的水平分力；另一端落在侧廊外侧一片片横向的墙垛上 (图 10.15)。这使侧廊的拱顶不必再负担中厅拱顶的侧推力，高度大大降低，从而使中厅的高侧窗得到了扩大的余地。建筑外墙也因卸去了载荷而大开窗户，结构进一步减轻，材料进一步节省，它和骨架券一起使整个教堂建筑的结构近乎是框架式体系了。

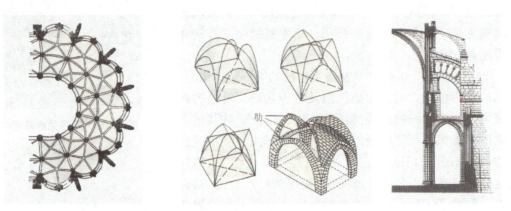

图 10.13　圣德尼教堂的圣坛顶部图示　　图 10.14　骨架券和尖券的构成图示　图 10.15　飞扶壁的构成图示

10.3　哥特风格在欧洲

10.3.1　法国

法国的哥特建筑既是教堂与礼拜堂建筑最典型的代表，同时在设计上也相当成功。在法国，哥特建造方式曾经历了一段缓慢的演变过程，而每一发展阶段均可用特定的名词描绘。

(1) 早期和盛期哥特式：这些名词描述了应用尖券和拱顶建造技术的发展，时间均在 1150 年至 1250 年之间。一般来说，哥特大教堂的建造往往都经历好几个世纪，例如沙特尔大教堂，因此，在建筑身上通常既含有早期建筑要素，同时又具有盛期哥特式的成分。在法国有许多令人赞叹的大教堂——亚眠大教堂 (图 10.16)、拉昂大教堂、沙特尔大教堂、布尔日大教堂，以及博韦大教堂——都是典型的盛期哥特式建筑的例子。

(2) 辐射式：这一名词主要指建筑中装饰的精美，时间均从 1230 年到 1325 年。在这一时期，窗花格的辐射线成为一种重要元素。许多法国主教堂的巨大玫瑰窗就是典型的辐射

图 10.16　亚眠大教堂

式。其中，巴黎的圣夏佩尔小教堂是最广为人知的辐射式建筑。

(3) 火焰式(Flamboyant)：字面意思为"像火焰一样"，这一名词用来描述法国哥特设计晚期的装饰细部。复杂的窗花格形式极其精细，有时甚至是烦琐的，装饰细部是这一时期建筑特征。圣乌昂教堂和圣马克洛教堂(图10.17)均是火焰式建筑的实例，两者都位于鲁昂。

兰斯大教堂(始建于1211年)较沙特尔大教堂更为协调统一，因而作为哥特大教堂类型的实例，形式上更"完美"；而亚眠大教堂(始建于1220年)则更富戏剧性，其中厅具有令人吃惊的高耸比例。博韦大教堂，始建日期与前面教堂大致相同，但其无论是尺度还是高度都更为壮观，不幸的是，1573年该教堂遭受到灭顶之灾，当时它中央的尖塔完全倒塌下来，通过这事件人们意识到，中世纪用于建造高耸建筑的技术已达到极限。至此之后，该教堂中厅再没有完全修复，因此目前只有唱诗席和耳堂保留原貌。

图10.17　圣马克洛教堂

10.3.2　英国

英格兰中世纪大教堂与法国大教堂颇有渊源，这暗示了英吉利海峡两岸建筑师与建造者之间曾有过密切的联系。可能是那些流动的建筑师既在法国工作又在英格兰建造教堂。英国教堂虽从没达到法国同时期教堂那样高超的技术和动人心魄的效果，但是，在某种程度上却出现过极大的不同，这就是每座建筑都具有强烈的个性。

索尔兹伯里教堂(1220—1266年)可能被认为是英国大教堂的蓝本，这是个短期内建成的连续设计。韦尔斯教堂(1175—1338年)或许显得更有趣，更有创造性一些，其十字交叉部位的塔楼下面，混乱无序地布置着支撑拱券，极具奇怪与暧昧的特征。在英国哥特建筑中，拱顶有时会采用一些额外的肋，这些肋以放射条带的形式对拱顶表面加以划分，这样的拱顶形式称为扇形拱顶，即这样的拱顶形式能使人想到棕榈叶形的扇子模样。埃克塞特教堂(图10.18)在14世纪建的中厅就是扇形拱顶惊人形式的一次壮观展示。

由于许多大教堂的建造时间都很长，因此一幢建筑的不同部分常隶属于几个连续的时期，相应的，不同风格名词常用来描述一座建筑的不同部分。一般的分类如下。

(1) 诺曼底式：罗马风的英文称谓。属中世纪早期的作品。诺曼底式建筑在1066年至1200年左右这段时间走向衰落。

(2) 早期英国式：这一名词是描述13世纪的哥特建筑。林肯大教堂和韦尔斯大教堂的主体部分均是早期英国式的；索尔兹伯里大教堂是一座清晰完整的早期英国式教堂实例，该教堂采用了尖券和拱顶，以及相对简洁的装饰细部。

(3) 装饰式：14世纪的建筑通常属于这一时期的风格。埃克塞特大教堂和林肯大教堂的中厅是其中的实例。以簇叶式雕刻线为基础的雕饰是这一时期的主要特征。

图10.18　埃克塞特教堂

(4) 垂直式：这是用来描述 15 世纪哥特建筑的名词，此时的建筑属于英国哥特建筑的最后阶段。窗户的平行垂直划分及扇形穹顶的应用是这一时期的趋势。剑桥皇家学院小礼拜堂(图 10.19)和林肯大教堂以及约克教堂钟塔上面部分是垂直式建筑的实例。

10.3.3　欧洲其他地区

哥特建造方式自法国向四面八方传播，因此，几乎在欧洲的每个角落都能找到哥特设计的身影。荷兰哥特式教堂室内的特征是冷色调白粉墙表达的简洁，以及从明亮大玻璃窗射进的强烈光线。在德国，科隆大教堂(始建于 1270 年)与法国哥特教堂十分相似，以至它几乎可被归为法国教堂的实例。维也纳的圣斯蒂芬教堂是厅堂式教堂类型的一个典范，厅堂教堂是指室内空间中厅、侧廊高度相同，因而建筑没有拱廊之上的长廊或高侧窗。在低地国家(现在的比利时和荷兰)也有哥特教堂，例如，比利时的图尔奈的大教堂和荷兰哈勒姆的圣巴沃大教堂，后者精美壁画的主题表现了教堂白色的中厅(图 10.20)。

图 10.19　皇家学院小礼拜堂

在西班牙，莱昂大教堂(始建于 1252 年)可使人想起亚眠大教堂的设计，而托莱多教堂(始建于 1227 年)以及带有巨大回廊的巴塞罗那大教堂(始建于 1298)看起来却很像巴黎圣母院。在西班牙大教堂中，一般都有一块尺寸巨大、雕刻

图 10.20　圣巴沃大教堂内部

精美的祭坛背壁放在主祭坛后面，它通常是室内的一个支配要素，就像装饰丰富的金属格栅一样，这些格栅将中厅和唱诗席隔开。位于塞维利亚的大教堂(1402—1519 年)，其体量是由原先基地上的伊斯兰礼拜寺确定的，教堂拥有宽敞的双边侧廊，侧廊高宽约略和平屋顶覆盖的中厅相当——微倾的侧廊屋顶上部有飞扶壁。

10.4　中世纪室内空间特征

10.4.1　中世纪民居

画家笔下描绘的场景绝大部分是以权贵之家为基础的。然而普通人家的居所却是早期中世纪简朴、粗陋甚至是贫穷的真实写照。典型的住宅仅有一间，或至多两间屋子，屋里是肮脏或光秃的地面，裸露的石墙面或木墙以及最少量的家具，包括一些长凳，一张桌子，有时候或许是柜子或是固定在墙上的隔板。床有时候，特别是在寒冷地区，常做成像木头盒子一样，很短，人在上面只能保持半卧半坐的姿态。屋里的一个炉床既用来做饭又用来取暖。中世纪晚期，蜡烛已很普遍了，因而各式各样的烛台得到了发展，从最简单的到十分精美的，便携的，桌式的或壁挂式的等，种类繁多，不胜枚举。

第10章 中世纪建筑室内空间

中世纪晚期，各种贸易和手工业也得到发展，相应的，各类店铺——手工作坊和零售店——也在城镇里出现了。艺术家们描绘了许多与此有关的形象，如木匠铺、编织坊和各种手工艺作坊。店铺典型的形制为：前面向街道敞开，屋里有张桌子或柜台来摆放商品，工作和储藏空间置于后部。可以看出，这样的店铺具有高度使用的特征，没有丝毫多余的装饰。

在中世纪晚期，积累起一定财富的商人可拥有自己的住宅，这些住宅可能相当宽敞、舒适甚至精美。在许多中世纪城镇和城市中还保留了许多中世纪晚期流动自由民的住宅。他们当中中等规模的例子和克吕尼地方的住宅很相似。比较精致一些的住宅规模接近于一座小型的宫殿。举例来说，银行家雅克·科尔14世纪的住宅，即位于法国布尔日教堂城的住宅，基本上就是城市里的一座城堡(图10.21)。

图10.21 雅克·科尔的住宅

住宅由一群多层建筑组成，围成一个院子，带有楼梯塔、连拱廊、两坡顶以及美丽别致的老虎窗。室内满是雕刻精美的门道和壁炉框以及色彩绚烂的绘画木顶棚。对主要房间来说，挂毯可能起到保暖的作用，并赋予室内以色彩，使其尽显豪华本色。供人坐的可能是个简单家具，或是先进些的坐椅(图10.22)，抑或，在教堂中，用精致木板(通常有雕刻)制成的宝座(图10.23)。早先城堡大厅中在支架上的简单木板在中世纪晚期更舒适的室内可能已被哥特式的侧桌所取代。挂毯的制作技术有所发展，覆盖在墙面上的挂毯不仅给贵族室内提供了展示场景和叙事的视觉图像，还带去了温暖和舒适(图10.24)。

 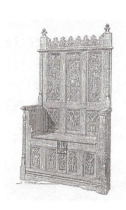 

图10.22 哥特式坐椅　　图10.23 哥特式宝座　　图10.24 挂毯

10.4.2 居住环境的革新

接近中世纪末期的时候，无论是拥有城堡和宅第的封建贵族之家，还是四处迁徙的商人家庭，都在努力寻找改善室内设施的有效途径。在盛产树木的地区，用木板来覆盖屋里石墙或粉刷墙面冰冷的表面已是很普遍的事，因为这些木材是唾手可得的建筑材料。可以说，木材是唯一可取代石拱顶作为覆盖开敞空间的一种途径，因此，几乎在任何地方的地

127

板与顶棚上，都不难看到木材的身影。镶板墙创造的室内表面呈现自然的棕色，只偶尔有些装饰细部(例如盾形纹章)被染上鲜艳的颜色。在德国南部的蒂罗尔，有许多当时属于富裕自由民的小城堡和住宅，另外还有些小客栈，客栈的房间为木镶板贴面。在这些建筑中，都有固定的长凳、壁橱和盥洗架，因此房间几乎已完全设施化了，除了一张床，一张桌子，有时还有些小凳子外，就不需要什么可移动的家具了。在德国，作为一种热源，火炉的发展导致装饰精美的花砖火炉的产生，这种壁炉自身基本上就是座小建筑，几乎在每一个主要房间的某一角落上都建有这样的壁炉。

中世纪建筑中的实用部分，如地窖、厨房、服务室和牲口棚，一般都按严格的功能方式设计，但经后世的现代化改造，却往往失去了它们最初的特征。英国汉普顿皇宫的国王新厨房建于亨利八世统治时期。它是间宽敞的大房子，100英尺长(约30.5m)，40英尺(约12m)高，屋里有3个巨大的壁炉，每个宽18英尺(约5.5m)，高7英尺(约2.1m)。另外还有烘箱和各种设施来盛放焙烧蒸煮的炊具。地面用石头铺砌，墙面裸露，但高高开在墙面上的窗户顶部饰有哥特尖券。在比较简朴的住宅中，烧饭在壁炉中进行，而壁炉又是房间的主要热源，这样就使得厨房成为最重要的部分——也常常是住宅中唯一重要的房间。

用于区别罗马风、哥特和随后建筑作品的拱券、拱顶、装饰物基本不用在简单的城镇住宅和农舍中，因此，这些建筑历经多个世纪却鲜有变化。事实上，像中世纪那样的住宅直到现代仍在继续建设。虽然窗户在寒冷地区并不总是受欢迎，只可能起到通风作用。同样，在南方，太过强烈的日照也使窗户成为厌嫌之物，但这丝毫不能阻挡其在尺度与数量上的缓慢增长，究其原因，是因为玻璃较前更为普遍，价格也低廉了许多。在英格兰和荷兰的一些地区看起来似乎有一种共识，那就是：如果朝南，窗户将导入光线和热量，这些数量将会抵消冬季的严寒。在晚上和昏暗的白昼，木百叶可以覆盖在窗户上。半木结构建筑的木框架形成一个格子，必须用某种材料来填充，如砖、石、灰泥或碎石，这样才能构成一堵厚实稳固的墙。窗户根据需要光线的多少灵活布置。铅条用来将许多小玻璃拼装起来组成大的窗扇，这也许是中世纪创造出的最大成就。在城镇里，多层住宅的建设仍在继续，这样可节约围墙里的用地，另外，当木头作为结构材料时，上层楼板常悬挑到街道的上空，目的是为了增加建筑内部的空间。上层楼层挑出的惯例也波及乡村的建筑中。半木建筑框架的斜向支撑也常暴露在一些房间的室内，在这些房间中，斜向支撑和其他结构构件，木顶棚梁、铅条玻璃窗一起组成中世纪室内的特征要素。

10.5　中世纪室内家具及陈设

有关早期中世纪室内的资料主要来自于手抄本和书籍。因为没有什么东西是需要储藏的，所以当时的储物家具发展得很缓慢。柜子一般是顶盖可以取下的简单盒子，主要用来放衣服。教堂里柜子则主要用来存放珍贵的圣物和镶有金银珠宝的庆典陈设品。雕花的表面装饰使柜子显得格外精致，更甚者，雕刻精美且镶有珠宝的一系列装饰可能使柜子本身和它内部存放的东西一样珍贵。在孔克的圣坲伊教堂，装饰精美的圣物箱(图10.25)就是典型实例，该圣物箱至今保存完好。简单方盒子似的柜子是每一教堂中的标准陈设，作募集钱财之用。对于从一座城堡搬到另一座城堡的有钱有势的封建家庭来说，柜子不仅是

第10章 中世纪建筑室内空间

贮物设备而且还是行李箱。在没有银行金库可以存放钱财的年代，锁具、合页以及铁角等渐渐发展完善了，这些都是使柜子更趋安全的有效方式。柜子可能靠在床边、床脚或是靠墙边放着，上面可能还铺着垫子，因而可以替代矮凳或长凳当作座位供人使用。柜子有时沿着墙一字排开，作为多功能的储物柜和坐凳。

早些时候的椅子设计只不过是对柜子的改造罢了。通过添加向上的后背和两侧的扶手就可以将一定大小的方柜子改造成大椅子并作为宝座。作为一种象征物，这种椅子仅供王族、主教或许还有城堡使用，即便是矮凳也用来作为地位的象征，暗示了使用者的重要性。在一个描绘了爱德华一世统治下英国会议情景的手抄本中，我们可以看到国王坐在唯一的椅子上，即精心装饰的宝座上。他的诸侯，苏格兰和威尔士统治者则坐在铺着刺绣织物的长凳上，法官们坐在羊毛袋子上，四人并排坐着，袋子很大；而主教和领主们则坐在没有靠背的长凳上。从这幅画还可以推测出房间的墙是用裸石建的，地面则铺有斜长方形白色与淡绿色相间的石板或花砖。

图 10.25　圣物箱上雕刻

随多种染色技术发展，屋内色彩多来自纺织品，明亮的色彩主要用在装饰品上，在有关的室内画中，可以看到长凳和桌子的覆盖物，墙面的悬挂物以及帘幕 (图 10.26) 上都有着丰富的色彩。窗户上不用窗帘，帘幕主要给睡眠区提供一定的私密性，进行简单的空间划分，并且可能用来调节气流。它只是简单的布片，用布圈或金属环挂在杆子上，就像现在淋浴室幕帘的样子。当然，即使有限的豪华装饰也仅见于贵族阶层，一般的百姓之家只有裸露的墙面。木腿的长凳，放在支架上的平板做成的桌子，放面包片的盘子以及用来喝水或储酒用的陶制杯子和瓦罐，未经印染的织物所具有的灰棕色，未经粉刷的木和石墙的颜色以及地面上的泥土，石头或砖的颜色确定了最常见的中性色系，染色衣物上偶有的亮色才能使沉闷的中色系稍稍活跃起来。人工照明仅限于蜡烛，主要用在教堂和富人之家。蜡烛一般是用牛脂做的，而那些用蜂蜡做成的蜡烛则非常昂贵。在普通人家里，光线一般是日光或开敞炉火发出的光。用水壶、水罐或木桶从井里取水，然后倒在盆里或锅里做清洗和做饭之用。

图 10.26　诗作插图

本 章 小 结

本章对中世纪早期的基督教、拜占庭和罗马风建筑以及晚期的哥特式建筑进行了阐述；最后对中世纪室内空间的特征以及室内家具和陈设进行了归纳总结。

本章的教学目标是使学生掌握中世纪的各种建筑风格及其室内空间的特征，以及它们所共同具有的宗教色彩。

【实训课题】

(1) 内容及要求。

① 选取一个具有代表性的拜占庭建筑，收集图片及相关资料，分析研究它的建筑样式及装饰特点，完成一份调研报告。

② 选取中世纪哥特式风格家具的要素特点，设计并绘制家具三视图并以 1：50 的比例制作家具模型。

(2) 训练目标：掌握中世纪拜占庭建筑和哥特式的设计元素及其特点。

【思考练习】

(1) 拜占庭建筑的代表作品是什么？

(2) 中世纪建筑的宗教色彩体现在哪些方面？

第11章
文艺复兴建筑室内空间
——人文主义思想体系的影响

知识目标

了解文艺复兴时期建筑的发展概况，掌握文艺复兴室内设计风格元素以及家具与陈设在室内设计中的运用；巴洛克与洛可可风格的异同。

重难点提示

重点：文艺复兴室内空间在装饰装修上的特点。

难点：巴洛克与洛可可风格之间的联系和差异。

【引言】意大利在中世纪就建立了一批独立的、经济繁荣的城市共和国。到 14、15 世纪，在佛罗伦萨、热那亚、路加、西耶纳、威尼斯等城市里，资本主义制度萌发了，产生了早期的资产阶级。新兴的资产阶级，为巩固和发展资本主义生产关系，展开了建立新的思想文化上层建筑斗争。新思想的核心是肯定人生，焕发对生活的热情，争取个人在现实世界中的全面发展，被后人称为人文主义。

资产阶级建筑文化从市民建筑中分化出来，积极地向古罗马的建筑学习。严谨的古典柱式重新成了控制建筑布局和构图的基本因素，虽然形式完美、细节精致，但比较刻板，风格矜持高傲，逐渐趋向学院而千篇一律，同中世纪比较自由通俗，平易祥和，生活气息浓厚，地方色彩鲜明的市民建筑大异其趣。高层次的建筑离不开对教廷和权贵者的依附，很快被宫廷和教会利用，建造了大批府邸和教堂。但是，新的建筑潮流毕竟反映了新兴资产阶级上升时期的思想文化，和新生的科学家、诗人、画家、雕刻家，同时诞生了真正的建筑师，他们富有生命力，在作品中追求鲜明的个性，创造了新的建筑形制、新的空间组合、新的艺术形式和手法，利用了科学技术的新成就，在结构和施工上都有很大的进步，造成了西欧建筑史的新高峰，并且为以后几个世纪的建筑发展开辟了广阔的道路。

11.1 意大利文艺复兴建筑

11.1.1 文艺复兴的春雷——佛罗伦萨教堂的穹顶

标志着意大利文艺复兴建筑史开始的是佛罗伦萨主教堂的穹顶。它的设计和建造过程，技术成就和艺术特色，都体现着新时代的进取精神。

主教堂是 13 世纪末佛罗伦萨的商业和手工业行业从贵族手中夺取了政权后，作为共和政体的纪念碑而建造的。为它所选定的地段本是污秽不堪的垃圾场，充满了自豪感的市民于 1296 年通过议会的委托书，要求建筑师坎皮奥把它造成"人类技艺所能想象的最宏伟、最壮丽的大厦"，"从而使现在破败不堪、难以入目的地方成为游人喜闻乐见之地。"坎皮奥的答辞中说，这座主教堂应该赞美"佛罗伦萨人民以及共和国的荣誉。"他们都没有提到宗教的热情。坎皮奥设计的主教堂的形制很有独创性，虽然大体还是拉丁十字式的，但突破了中世纪教会的禁制，把东部歌坛设计成近似集中式的。八边形的歌坛，对边的宽度是 42.2m，预计用穹顶覆盖（图 11.1）。

1296 年动工，1366 年造成了主教堂的大部分后，要建造这个穹顶，技术十分困难，不仅跨度大，而且墙高已经超过了 50m，连脚手架和模架都是很艰巨的工程。但是，勇敢的工匠们百折不回，坚决不放弃建造大穹顶

图 11.1　佛罗伦萨主教堂的穹顶

的愿望，从 1367 年起，集体研讨，做出了一个又一个的模型。

> **知识链接**
>
> 　　阿诺尔夫·迪坎比奥（Arnolfo di Cambio，1245—1302 年），意大利建筑师和雕塑家。拜于意大利雕塑家尼科拉·皮萨诺门下，阿诺尔夫成为当时陵墓雕塑的佼佼者之一。奥维多的德布赖红衣主教（Cardinal de Braye）墓，教皇波尼法修八世半身像及其陵墓都是阿诺尔夫的作品。1926 年，他设计并开始建设佛罗伦萨大教堂。他可能参与设计的佛罗伦萨建筑还包括圣十字教堂和维奇奥。

　　15 世纪初，伯鲁乃列斯基(Filipo Brunelleschi，1379—1446 年)着手设计这个穹顶。他出身于行会工匠，精通机械、铸工，是杰出的雕刻家、画家、工艺家和学者，在透视学和数学等方面都有过建树，也设计过一些建筑物。为了设计穹顶，他到罗马逗留几年，废寝忘食，潜心钻研古代的拱券技术，测绘古代遗迹，连一个安置铁插契的凹槽都不放过。回到佛罗伦萨后，做了穹顶和脚手架的模型，制定了大穹顶详细的结构和施工方案，还设计了几种垂直运输机械。他不仅考虑了穹顶的排除雨水、采光和设置小楼梯等问题，还考虑了风力、暴风雨和地震，提出了相应的措施。为了突出穹顶，砌了 12m 高的一段鼓座。把这样大的穹顶放在鼓座上，这是前所未有的。虽然鼓座的墙厚到 4.9m，还是必须采取有效的措施减小穹顶的侧推力，减小它的重量。伯鲁乃列斯基的主要办法是：第一，穹顶轮廓采用矢形的，大致是双圆心的；第二，用骨架券结构，穹顶分里外两层，中间是空的。在八边形的 8 个角上升起 8 个主券，8 个边上又各有两根次券。每两根主券之间由下至上水平地砌 9 道平券，把主券、次券连成整体。大小券在顶上由一个八边形的环收束。环上压采光亭。这样就形成了一个很稳定的骨架结构。这些券都由大理石砌筑。穹顶的大面就依托在这套骨架上，下半是石头砌的，上半是砖砌的。它的里层厚 2.13m，外层下部厚 78.6m，上部厚 61m。两层之间的空隙宽 1.2～1.5m，空隙内设阶梯供攀登。有两圈水平的环形走廊，各在穹顶高度大约 1/3 和 2/3 的位置。它们同时也能起加强两层穹顶的联系的作用，加强穹顶的整体刚度。从上面一圈走廊，可以循内层穹顶外皮上的踏步走到采光亭去。穹顶正中有一个采光亭，不仅有造型的作用，也有结构的作用，它是一个新创造(图 11.2)。

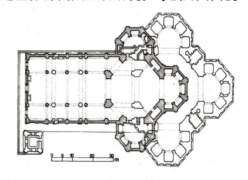

图 11.2　佛罗伦萨主教堂的穹顶平面图

　　佛罗伦萨主教堂的穹顶是世界最大的穹顶之一，它的结构和构造的精致远远超过了古罗马的和拜占庭的穹顶。它是西欧第一个造在鼓座上的大型穹顶。穹顶平均厚度和直径之比为 1 : 21，而古罗马万神庙的则为 1 : 11，结构的规模也远远超过了中世纪的穹顶。它的起脚高于室内地平 55m，顶端底面高 91m(或 88m)。当时的人文主义学者，建筑学家阿尔伯蒂(Leone Battista Alberti，1404—1472 年)说到佛罗伦萨主教堂：它的结构"能将托斯卡纳所有的人民都庇护在它的影子之下。"它是结构技术空前的成就(图 11.3)。这个穹顶的施工也是一项伟大的成就。

　　这座穹顶的历史意义是：第一，天主教会把集中式平面和穹顶看做异教庙宇的形制，严加排斥，而工匠们竟置教会的戒律于不顾，因此，它是在建筑中突破教会精神专制的标志；第二，古罗马的穹顶和拜占庭的大型穹顶，在外观上是半露半掩的，还不会把它作为重要的造型手段。但佛罗伦萨大教堂借鉴拜占庭小型教堂的手法，使用了鼓座，把穹顶全部表现出来，连采光亭在内，总高 107m，成了整个城市轮廓线的中心。这在西欧是前无古人的，因此，它是文艺复兴时期独创精神的标志；第三，无论在结构上还是在施工上，这座穹顶的首创性的幅度是很大的，这标志着文艺复兴时期科学技术的普遍进步 (图 11.4、图 11.5)。

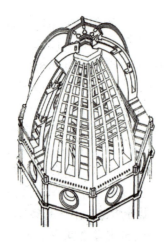  

图 11.3　佛罗伦萨主教堂的穹顶结构　　　图 11.4　佛罗伦萨主教堂的穹顶解剖图　　　图 11.5　佛罗伦萨主教堂穹顶装饰

佛罗伦萨主教堂的穹顶被公正地认为是意大利文艺复兴建筑的第一个作品，新时代的第一朵报春花。1446 年伯鲁乃列斯基去世，佛罗伦萨全城哀悼，就把他葬在了这座教堂。

11.1.2　文艺复兴的巅峰与衰落——圣彼得大教堂

16 世纪上半叶，由于新大陆的拓植和新航路的开辟，意大利进一步失去了它的经济地位，工商业城市大多衰落了。同时，法国和西班牙又在意大利领土上进行了长期的战争，使它遭到严重的蹂躏。独有罗马城，因为教廷于 1420 年从长期寄居的法国阿维农迁回，恢复了政治地位，并且由于教会从全欧洲经济的进步中增加了收益，反而繁荣起来。成为这时期有可能统一意大利，振兴意大利，使意大利摆脱外国蹂躏的现实力量。教皇尤利亚二世 (Julius Ⅱ，1503—1513 年在位)就在请米开朗琪罗画像时说："我是战士，不是学者"，左手握剑而不按传统方式握书。教皇利奥十世 (Leo X，1513—1521 年在位)说："我爱护艺术，如同爱护我自身。"所以，盛期的文化"巨人"们便聚集到教皇身边来，为教廷服务。罗马城成了新的文化中心，文艺复兴运动达到鼎盛期。这时期，一些知识分子对古罗马文化的爱好，除了反神学教条的动力之外，又渗入了强烈的爱国主义因素。于是，在建筑领域，大大增长了测绘研究古代遗迹的兴趣；维特鲁威的著作，1486 年用拉丁文出版过的，1521 年又译成意大利文出版；罗马柱式被更广泛、更严格地应用；建筑追求宏伟、刚强、纪念碑式的风格；轴线构图、集中式构图，经常被用来塑造庄严肃穆的建筑形象。建筑设计水平大有提高，在运用柱式、推敲平面、构思形成等方面都很有创造性。

第11章 文艺复兴建筑室内空间

圣彼得大教堂作为世界上最大的天主教堂，文艺复兴最重大的工程，圣彼得大教堂在它长达126年的建造期内（1506—1626年）凝聚了几代著名匠师的智慧，这期间罗马最优秀的建筑师都曾经主持或参与过圣彼得大教堂的营造，圣彼得大教堂（图11.6）代表了16世纪意大利建筑、结构和施工的最高成就，是意大利文艺复兴建筑最伟大的纪念碑。

图11.6 圣彼得大教堂

（1）伯拉孟特的雄心。16世纪初，教皇尤利二世为了重振已分裂的教会，实现教皇国的统一，决定重建已破旧不堪的圣彼得大教堂，要求该教堂的规模超过最大异教庙宇——古罗马的万神庙。1505年，伯拉孟特的方案在竞赛中脱颖而出，伯拉孟特在缅怀古罗马的伟大荣耀的思想推动下，立志要建造亘古未有的伟大建筑。他说："我要把罗马的万神庙举起来，搁到和平庙的拱顶上去。"他设计的教堂形制非常新颖，其平面是希腊十字式的，四臂比较长。在希腊十字的正中，覆盖大穹顶。正方形4个角上各有一个小穹顶，形成了较小的十字形空间。它们的外侧，是4个方塔，4个立面完全一样，大圆顶的鼓形座上部围筑一圈柱廊。1506年，教堂正式开始动工，协助伯拉孟特工作的是帕鲁齐和小桑加洛。1514年，伯拉孟特去世，教堂的建设开始出现了反复。

（2）温驯的拉斐尔。新任的教皇任命拉斐尔接替伯拉孟特的工作，并且提出了新的要求。他要求拉斐尔修改方案以尽可能地利用全部原有地段和容纳更多的信徒。拉斐尔的建筑风格温柔秀雅，但却往往失于虚夸。他虽然保留了已经建成的东立面，但在构图上抛弃了伯拉孟特的希腊十字，在西面增加了一个长达120m以上的巴西利卡，使平面演化成了拉丁十字的形式。这样就使得穹顶的统帅作用遭到了严重的削弱。西立面的巴西利卡在立面构图上像是把3个巴齐礼拜堂并列立在一起，却没有像巴齐礼拜堂那样把整个立面同整个体积构图紧密联系起来。这反映了拉斐尔作为画家在立体空间造型上的局限。但是拉斐尔主持工程没有持续多久就被两件震动罗马的大事所打断了，一是1517年在德国爆发的宗教改革运动，另一件大事是1527年西班牙军队一度占领罗马，并且长期在罗马保持着巨大影响。在这些事件的影响下，圣彼得大教堂的兴建在风雨飘摇中中断了二十几年。

> **知识链接**
>
> 巴西利卡（Basilica），古罗马时代一种综合用作法庭、交易所与会场的大厅性建筑。平面一般为长方形，两端或一端有半圆形龛（Apse）。大厅通常被两排或四排柱子纵分成三或五部分。当中部分宽而且高，被称为中厅（Nave，又译中央通廊），两侧部分狭而且低，称为侧廊（Aisle，又译侧廊），侧廊上面常有夹层。

1534年，圣彼得大教堂的工程终于得以再度进行，主持工作的帕鲁齐虽然想把方案改回集中式的，但没有成功。1536年，小桑加洛成为新的主持者，他在教会的压力下虽然仍不得不维持拉丁十字的平面，但他巧妙地在东部更接近伯拉孟特的方案，在西部，又以一个比较小的希腊十字代替了拉斐尔的巴西利卡，这样集中式的布局仍然占主体地位。他在鼓座上设上下两层券廊，尺度比较准确，也比较华丽，在西立面设计了一对钟塔，很像中世纪的哥特式教堂，显现出天主教会反改革运动的影响。但工程没有重大进展，1546年小桑加洛逝世。

(3) 米开朗琪罗登场。1547年，教皇任命文艺复兴时期最伟大的艺术家——米开朗琪罗主持圣彼得大教堂的工程。米开朗琪罗抱着"要使古代希腊和罗马建筑黯然失色"的雄心壮志去工作，凭着自己巨大的声望，他与教皇约定，他有权决定方案，甚至有权决定拆除已经建成的部分。作为伟大雕塑家的米开朗琪罗的建筑作品虽然不多，他设计的建筑物大都极富创造力，建筑物层次丰富，立体感很强，光影变化剧烈，风格刚劲有力，洋溢着英雄主义精神，同他的雕刻和绘画风格一致。他也善于把雕刻同建筑结合起来。常常不顾建筑的结构逻辑，有意破坏承重构件的理性形式，如把圆柱子嵌在墙内，用薄薄的"牛腿"承托柱子，额枋和山花凹凸断折等，表现出一种激动的、不安的情绪。因此，他是手法主义的开创者。巴洛克建筑的建筑师们也把他奉为导师之一。

米开朗琪罗抛弃了拉丁十字平面，恢复了伯拉孟特的平面，不过他加强了承托穹顶的4个柱墩，简化了四角布局(图11.7)。在正立面设计了九开间的柱廊。他的设计极其雄伟壮观，体积的构图超越了立面构图被强调出来。这些都体现出米开朗琪罗作为激越的雕塑家的性格与特点。1564年，米开朗琪罗逝世的时候教堂已经建造到了鼓座，接替他工作的泡达和封丹纳大体按照他遗留下来的模型在1590年完成了穹顶。穹顶直径41.9米非常接近万神庙，内部顶高123.4米，几乎是万神庙的三倍。希腊十字的四臂内部宽27.5米，高46.2米，通长140多米，超越了马克辛提乌斯巴西利卡。穹顶外采光塔上的十字架顶点高137.8米，为全罗马最高点。创造一个比任何古罗马建筑都宏大的愿望实现了，圣彼得大教堂堪称是人类最伟大的工程之一。穹顶的肋是石砌，其余部分用砖，分内外两层，内层厚度大约3米。轮廓饱满而有张力，12根肋加强了这个印象。鼓座上的壁柱、断折檐部和龛造成明确的节奏，有圣坛墙面上的壁柱等与之呼应。它的整体构图很完整。建成以后，穹顶出现了几次裂缝，为了牢靠，人们在底部加上八道铁链(穹顶的裂缝据说是因为其设计者——雕塑家出身的米开朗琪罗缺乏数学知识而造成的，如果是由富有工程师才华的达·芬奇来建造可能会避免这个问题)(图11.8)。圣彼得大教堂的穹顶比佛罗伦萨主教堂有了很大进步，因为它是真正球面的，整体性比较强，而佛罗伦萨主教堂的是八瓣的，而且为了减少侧推力，佛罗伦萨主教堂的穹顶轮廓比较长，而圣彼得大教堂轮廓饱满，只略高于半球形，侧推力大，这显示了结构和施工上的进步。在穹顶施工期间，维尼奥拉于1564年设计了四角的小穹顶。

到了16世纪中叶，伟大的文艺复兴运动已经走向了尾声，保守势力又再度占了上风。特仑特宗教会议规定，天主教堂必须是拉丁十字的，维尼奥拉设计的罗马耶稣会教堂被当做推荐的榜样。17世纪初，在耶稣会的压力下，教皇保罗五世

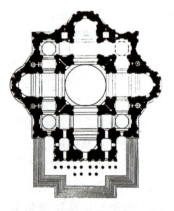

图 11.7　圣彼得大教堂平面图

图 11.8　圣彼得大教堂穹顶

决定把希腊十字平面改为拉丁十字平面，命令马丹纳拆除已经动工的米开朗琪罗设计的立面，在前面加了一段三跨的巴西利卡式大厅。圣彼得大教堂空间和外部形体的完整性遭到了严重的破坏。由于巴西利卡式大厅巨大体形的遮挡，在西立面前方有很长的距离内无法看到完整的穹顶，穹顶在构图上的统帅作用没有了 (图 11.9)。而且新的西立面虽然非常强大，但由于立面构图混乱和尺度处理上的失败，反倒没有充分体现巨大高度本身所应具有的艺术效果。凝结了几代大师毕生心血的圣彼得大教堂遭到了无可挽回的损害，但它还是空前的雄伟壮丽。

文艺复兴的第一个纪念物，佛罗伦萨的主教堂穹顶，带着前一个时期的色彩；它的最后一个纪念物，圣彼得大教堂，带着下一个时期的色彩，它们都不是完美无缺的，但它们却同样鲜明地反映着资本主义萌芽时期的历史性的社会斗争，反映着这个时代的巨人们在思想原则和技术原则上的坚定性。

图 11.9　圣彼得大教堂穹顶十字架

11.2　法国和西班牙的文艺复兴

11.2.1　法国文艺复兴

15 世纪下半叶，法国入侵意大利，随着军团对意大利南部和北部地区的不断入侵，意大利的宫廷文化引起法国王室和贵族的强烈兴趣，兴起了法国文艺复兴之端。强大的王权、资产阶级、国王贵族不但热衷于意大利贵族的建筑物，而且也对他们的服饰乃至整个生活方式进行效仿。但作为哥特艺术的故乡，法国早就在建筑上赋予过宗教艺术最崇高的表现力，此时，尽管对意大利文艺复兴的成就如痴如醉，艺术家们仍能不忘传统，融法国、佛兰德斯、意大利艺术的动人之处于一体，创作出自己的杰作。

文艺复兴建筑风格在法国的发展可分为 3 个阶段：16 世纪为早期，这是法国哥特建筑发展为文艺复兴风格的过渡时期。把传统的哥特式和文艺复兴的古典式结合，把文艺复兴建筑的细部装饰用于哥特建筑上；古典时期是路易十三、路易十四时期，此时文化、艺术、建筑飞速发展，极力崇尚古典风格。造型严谨华丽，普遍应用古典柱式，内部装饰丰富多彩，也有些巴洛克手法，纪念性广场群和大规模的宫廷建筑是这时期的典型。晚期路易十五使法国政治、经济、文化走向衰落，此时兴起舒适的城市住宅和精巧的乡村别墅，精致的沙发和安逸的起居室取代了豪华大厅。在室内装饰方面产生了洛可可风格，该风格装饰细腻柔软，爱用蚌壳、卷叶，精巧富贵。

图 11.10　卢浮宫

法国文艺复兴高潮时期的代表作非卢浮宫莫属 (图 11.10)，这是一项持续了几个世纪的建筑工程，建筑师皮埃尔·莱斯科在亨利二世统治期间负责了此项工程，带着对古典建筑透彻的理解，他建造了卢浮宫东部的正方形庭院，柱式体系的运用在其中表现得十分得体，各要素之间的比例关系也得到周密的考虑，庭院立面底层的拱券深深嵌入，以突出上层，二层窗户上面的弓形和三角形窗楣山花相交替，山花两端由涡卷形托石支撑，不禁让人想起米开朗琪罗的建筑语汇。

11.2.2　西班牙文艺复兴

15世纪，文艺复兴之风也吹到了地处欧洲西南的西班牙，西班牙的文艺复兴从13世纪后半期就显露端倪了，其产生有两个主要条件，一个是国内条件，就是长达数百年的反抗阿拉伯人的斗争逐渐取得胜利，这一胜利为西班牙文艺复兴提供了有利的环境；另一个国外的条件，意大利和尼德兰的文艺复兴对西班牙产生了重要的影响。

图 11.11　萨拉曼卡大学图书馆立面

15世纪下半期，意大利文艺复兴的建筑风格与西班牙的哥特式传统风格以及摩尔人的阿拉伯风格结合在一起，产生了一种叫银匠式的风格。"银匠式"这一术语指像银器般精雕细刻的建筑装饰，这种装饰主要集中在入口和窗户的周围，各种石头、泥灰制作的雕塑装饰，加上用铸铁制作的花栏杆、窗格栅、各种灯盏和花盆托架，玲珑剔透，十分精美，表现了西班牙人活泼热情的性格特征。银匠风格在16世纪上半期日益发展，这种风格的建筑物如贝壳府邸(1500—1512年)和萨拉曼卡大学图书馆的立面(完成于1529年)(图11.11)等。而在格拉纳达主教堂的室内，古典形式运用于细部装饰，则是银匠式风格在室内的典型代表(图11.12)。

图 11.12　格拉纳达主教堂的室内

此后，意大利的建筑风格逐渐加强，古典主义的风格在西班牙建筑中日益占据了上风。1556年腓力二世继位，他安排建造了集皇家陵墓、教堂、修道院、皇家宫殿等为一体的埃斯科里亚尔宫，这是一座用灰色花岗岩石建造的庞大的宫殿建筑群，平面为长约200m，宽约160m的矩形，包括17个庭院，沿中轴线两侧来做对称布局，成网格状。从平面设计上可以看出，菲拉雷特的米兰大医院以及古罗马晚期的其他建筑，如戴克里先的斯普里特宫的影响。希腊十字式的大教堂是整个建筑群的中心，内外采用庄重的多立克柱式，巨大的圆顶来自于罗马圣彼得大教堂的基本形制；皇宫位于教堂的后部，宫殿四角建有塔楼，塔尖高高升起，远远望去给人一种森严之感。埃斯科里亚尔宫从里到外都很少用装饰物，它成功地借用了意大利文艺复兴建筑的结构语言，表现了绝对的君权纪念碑主题(图11.13)。

西班牙文艺复兴的家具总的说来比较简朴，有时还很粗陋，是以意大利文艺复兴早期风格为基础的。用核桃树、橡树、松树和杉树制作的椅子、桌子和箱子是最常见的家具(图11.14)。厚重的扶手椅有时候在前面和后面用铰链安装可伸缩的杆件，使椅子可以折叠，易于搬动。西班牙的丝织品采用色彩艳丽的图案和带有银线和金丝的刺绣镶边。纺织品常从意大利进口，但是西班牙的斜纹布、锦缎和天鹅绒这类纺织业却在意大利的影响下发展起来。蜡烛仍然是人工照明的唯一来源时，高品质的金属制造业提供了装饰精巧的烛架和墙上支架。

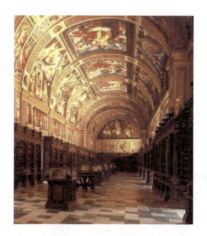 

图 11.13　埃斯科里亚尔宫内教堂　　图 11.14　西班牙活动柜

16 世纪下半期，除宫廷的罗马主义艺术外，在地方上也出现了样式主义的艺术。虽然西班牙的样式主义艺术受意大利的影响，但西班牙样式主义艺术却带有更多的宗教神秘主义的色彩。

11.3　巴洛克与洛可可风格

11.3.1　巴洛克的风格要素

巴洛克艺术产生于 16 世纪下半叶，盛期是 17 世纪，进入 18 世纪，除北欧地区外，巴洛克艺术逐渐衰落。意大利是巴洛克艺术的发源地，这种艺术形态虽不是宗教发明的，但它是为教会服务、被宗教利用的，教会是它最有力的支柱。巴洛克艺术有如下的一些特点：第一，它很豪华，享乐主义的色彩很浓；第二，它是一种激情的艺术，它打破理性的宁静和谐，具有浓郁的浪漫主义色彩，非常强调艺术家丰富的想象力；第三，它极力强调运动，运动与变化可以说是巴洛克艺术的灵魂；第四，它很关注作品的空间感和立体感；第五，它具有综合性，巴洛克艺术强调艺术形式的综合手段，例如，在建筑上重视建筑与雕刻、绘画的综合，此外，巴洛克艺术也吸收了文学、戏剧、音乐等领域里的一些因素和想象；第六，它有着浓重的宗教色彩，宗教题材在巴洛克艺术中占有主导的地位；第七，大多数巴洛克的艺术家有远离生活和时代的倾向，如在一些天顶画中人和形象变得微不足道，如同是一些花纹。

巴洛克建筑和室内设计强调富有雕塑性、色彩斑斓的形式。造型来自于自然、树叶、贝壳、涡卷，丰富了早期文艺复兴的古典词汇。墙和顶棚都有修饰，有些隔断也用立体的雕塑装饰，或带有人像和花草元素，它们有些涂上各种颜色，并融入彩绘的背景之中，创造了一种充满动感的人像密集的幻觉空间(图11.15)。巴洛克建筑与室内设计常被视为天主教反宗教的改革运动之一，它宣扬破除偶像崇拜，为民众提供新的视觉刺激，呈现出日常生活中少见的丰富、美丽的背景。除装饰技巧外，在空间造型中，巴洛克设计喜爱复杂的几何形，卵形和椭圆形比方形、长方形和圆形更受到欢迎。曲线和复杂的楼梯处理以及复杂的平面布局带来动感和神秘感，通过增加了充满幻觉的绘画和雕塑，使设计的目的从简洁明晰迅速变得复杂烦琐。

意大利文艺复兴晚期著名建筑师和建筑理论家维尼奥拉设计的罗马耶稣会教堂(图11.16)是巴洛克风格的代表作，也有人称之为第一座巴洛克建筑。

图11.15 巴洛克风格室内应用

知识链接

维尼奥拉(Vignola，1507—1673)在1568~1584年间完成的罗马耶稣教堂，被公认为是从样式主义转向巴洛克的代表作。这座教堂内部突出了主厅和中央圆顶，加强了中央大门的作用，以其结构的严密和中心效果的强烈而显示了新的特色。因此，耶稣教堂的内部和门面，后来都成为巴洛克建筑的模式，又可称为"前巴洛克风格"。

由贝尼尼主持设计的特维莱喷泉，其造型带有典型的晚期巴洛克风格。喷泉雕塑展现的是海王尼普顿率领水族从一座水池中奔腾而出，水池则坐落在一凯旋门式的巨大建筑前。海王高踞在凯旋门的中央拱门前，披风似乎正被强烈的海风吹拂着，如风帆一般鼓起；在他的脚下，海妖吹着号角，骏马奔腾。水流从凯旋门喷涌而出，随着雕塑层层跌落，最后汇入门前巨大的水池中。整组雕塑和喷泉充满了强烈的动势和勃勃生机(图11.17)。巴洛克建筑风格也在中欧一些国家流行，尤其是德国和奥地利。17世纪下半叶，德国不少建筑师留学意大利归来后，把意大利巴洛克建筑风格同德国的民族建筑风格结合起来。到18世纪上半叶，德国巴洛克建筑艺术成为欧洲建筑史上一朵奇葩。

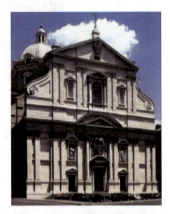

图11.16 罗马耶稣会教堂

图11.17 特维莱喷泉

11.3.2 洛可可风格

洛可可风格将巴洛克风格倾向推向极端，尤其在室内设计和陈设设计方面，甚至不惜抛弃古典风范，具有随心所欲的特点。所以说洛可可风格是巴洛克风格的晚期阶段。自17世纪70年代开始，克洛德一世就在勒布伦手下参与凡尔赛宫的装饰设计工作，至克洛德三世与另一画家贝兰一起，逐渐创造出了一种以阿拉伯纹样和怪诞图样为基础的新室内装饰风格，为洛可可风格首开先河。

"洛可可"一词是18世纪后期产生于法国艺术家作坊中的行话，带有轻蔑嘲弄的意味。

洛可可风格于17世纪末、18世纪初从室内装饰中生发出来，并扩展到建筑、绘画与雕塑领域。它的特点是迷恋于细密繁复的装饰细节，同时也追求田园诗般的抒情效果。

在路易十四去世后，而路易十五未成年间，法国由奥尔良的菲利普摄政，史称摄政时期，这一期间洛可可风格得到充分的发展，一直繁荣到18世纪50年代。一群建筑与室内装饰师发展了这种与新生活方式相联系的洛可可装饰风格，轻灵的装饰面板覆盖于室内的表面，将天顶和隔壁连成一体。装饰着阿拉伯纹样的壁柱，以及高高的圆头镜子，使室内产生相互辉映的效果，充满生气。房间的布置与陈设也越来越讲究生活的舒适与便利性，而不再是强调身份地位的象征和礼仪性。

路易十五时期，更关心的是朴素的城镇住宅设计，较小的皇室项目和采用优雅洛可可风格的室内装修与改造。洛可可在这一时期得到较为广泛的发展，最初表现在室内装饰品上，以豪华、欢快的情调为主，主要在宫廷中流行。这种艺术风格华丽、纤巧、轻薄。室内装饰追求各种涡形花纹的曲线。

1753年，博弗兰设计了一个椭圆形客厅，放在原有的苏俾士府邸内。窗户、门、镜子和绘画周围都围绕着镀金的洛可可装饰，这些洛可可装饰也应用到白墙和灰蓝色的顶棚上面。房间的形状是简单的，但室内装饰却是复杂的，丘比特在镀金的花丛与贝壳间玩耍，还有位于中心的巨大枝形花灯，所有这一切通过镜子多次反射，创造出万花筒般的效果，显示出惊人的洛可可艺术技巧 (图 11.18)。

图 11.18　巴黎，苏俾士府邸

11.4　文艺复兴室内设计风格元素

这一时期，与人感受联系更为紧密的室内空间越来越受到重视，室内设计风格也受到新要求的强烈影响。主要有以下特点：第一，对称是一种主要概念，同时，线脚和带状细部采用了古罗马范例；第二，墙面平整简洁，色彩常呈中性或画有图案，像墙纸一样。在装饰讲究的室内，墙面覆盖壁画；顶棚梁或隔板常涂有绚丽的色彩；第三，地砖、陶面砖或大理石的地面可以布置成方格状图案，或比较复杂的几何形图案；第四，壁炉作为唯一的热源，装饰着壁炉框，其中有些是巨大的雕像装饰。

家具的使用要比中世纪广泛，但以现代标准来看仍十分有限。垫子用于椅子和长凳上，同时又可以把强烈的色彩引入室内，雕刻、装饰和嵌花的使用是根据主人的财富与品位决定的。以石头来砌筑墙体和拱形顶棚的教堂室内是禁用色彩的，不过常装饰着建筑的细部，这些细部来自古罗马建筑的模式。窗户上的有色玻璃让位给单一颜色的简单玻璃。壁画广泛采用祭坛壁画形式，三联一组形式以及带框壁画形式，画面内容阐释宗教主题。文艺复兴的室内，无论民居还是宗教建筑，随着财富的积累和古典知识的广为传播，设计都趋向从相对简单的形式发展成日益复杂烦琐的风格 (图 11.19)。

图 11.19　油画表现的工作室

11.5　文艺复兴室内家具及陈设

这一时期的室内布置、家具和陈设更为丰富多样,并体现出更多的,对人性关怀的倾向。

1) 家具

对于有钱有势的人来说,工匠所发展的很多种精美的手工艺品,满足了奢华之家的新口味和艺术的表达。重要人物拥有书籍、论文、文献、地图、珠宝、形形色色的衣物、桌布、桌上的器皿,甚至还有一些诸如乐器、钟表、刻度尺、地球仪、艺术品这样的特殊物品,所有这些东西都需要地方来储藏和展示。椅子种类日渐增多,替代了长凳和矮凳。当它们逐渐走入文艺复兴基本的简洁生活场所时,所有的这些物品就开始朝向现代世界日益杂乱的"充分陈设"的室内方向发展。几种不同的家具类型出现在富裕的意大利居所里。

(1) 大雕花衣柜 (Cassone)(图 11.20):是一种盖子可以打开的柜子,通常采用坚硬的胡桃木制造,柜子很大,并且常精雕细刻出与建筑有关的细部,还用高浮雕刻出神话或寓言题材,或是带有绘画的镶板。大雕花衣柜是一种传统的婚嫁橱柜家具,同时也作为联姻家庭财富与权势的一项重要标志。小的雕花柜用做珠宝或财物的橱柜。

(2) 装饰柜 (Cassapanca):通过添加靠背和扶手,由雕花衣柜改造而成,这种结合物既可以用做座位也可以用于储藏(图 11.21)。

图 11.20　大雕花衣柜

(3) 水平柜 (Credenza):一种略高的柜子,用做餐具柜或服务台。它同样可以用来储藏银器、玻璃器皿、盘子和亚麻制品。

(4) 折叠椅 (Savonarola Chair):这种折叠扶手由许多曲线形式木条组成,座位中心处的枢纽轴是家具中广泛应用的一种构件。该椅以著名的传教士的名字命名,据说这位传教士非常喜爱这种椅子(图 11.22)。

图 11.21　装饰柜

第11章 文艺复兴建筑室内空间

　　意大利人对音乐的热情促使了高品质乐器的产生，包括键盘乐器，其尺寸大的可以成为一件家具。被称为斯平纳托琴的小型古钢琴通常是半携式的，并且尺寸很小，可以放在一张桌子上。较大的古钢琴，尽管用一种既薄又轻的木壳建造，但仍需一封闭的带腿的箱子或一个架子，这使它看起来有些像现代华丽的大钢琴(图11.23)。乐器的箱子常装饰有雕刻、镶饰和绘画。

图11.22　折叠椅图　　　　　图11-23　意大利古钢琴

2) 陈设

　　丝织品是文艺复兴最流行的织物。它们采用大尺度的编织图案，带有浓烈的色彩(图11.24)。天鹅绒和锦缎占据着早期文艺复兴的主流，到16世纪时，织锦和凸花厚缎也逐渐得到广泛应用。蓬松的垫子或枕头有时用于长凳或椅子上，垫子和枕头是用纺织品覆盖的，表面带有明快的色彩。地毯很少用，尽管东方毯子很昂贵，但仍偶尔用做桌布或铺在地板上。小幅绘画作品常装饰多种画，画框采用的建筑细部，可使人想起一种小型神庙立面。镜子是威尼斯玻璃制品的一种发展，尺度始终很小，但常装饰着框子。照明来自蜡烛，蜡烛放在各式各样的烛台上，台式的、壁式的或放在地板上的。燃烧的火炬同样采用于户外的和较大室内空间的照明，放在被称为火炬夹的立式台架上，火炬架也放蜡烛。枝状大烛台是一种立式的烛台，可以放很多蜡烛。钟表成为先进技术的体现：它们很昂贵而且十分有趣，因此成为受青睐的装饰物件。

图11.24　纺织品图案

本 章 小 结

　　本章对意大利文艺复兴时期建筑作了较详细的阐述，包括法国、西班牙文艺复兴及主要代表人物的作品；对文艺复兴时期的室内空间及家具陈设进行了探讨。对早期佛罗伦萨大教堂、盛期的圣彼得大教堂进行了详细的说明。

　　本章的教学目标是使学生掌握文艺复兴时期的建筑和建筑室内空间的形式与风格，以及巴洛克与洛可可的风格特征。

【实训课题】

(1) 内容及要求。

① 选取一个文艺复兴时期具有代表性的建筑,收集图片及相关资料,分析研究它的建筑及室内装饰特点,完成一份调研报告。

② 根据巴洛克风格家具的要素特点,设计并绘制家具三视图并以1∶50的比例制作家具模型。

(2) 训练目标:掌握文艺复兴时期室内设计元素及家具特点。

【思考练习】

(1) 代表意大利文艺复兴运动开始的是哪座建筑?

(2) 文艺复兴时期的著名建筑师及作品有哪些?

(3) 为什么说圣彼得大教堂是意大利文艺复兴运动的里程碑建筑?

第12章
古典主义建筑室内空间
——绝对君权古典主义

知识目标

本章通过对法国古典建筑、欧洲其他国家17—18世纪建筑、古典主义室内空间的特征、古典主义家具及室内装修4个部分的学习,掌握法国古典主义建筑及室内装修风格的特点。

重难点提示

重点:古典主义建筑室内空间在装饰装修上的特点。

难点:欧洲其他国家17—18世纪建筑各自的特点。

【引言】进入 17 世纪和 18 世纪，文艺复兴的影响依然在蔓延。但在不同地区之间发展的差异性则表现得越来越明显，并由此滋生出多种不同的风格形态。在法国则形成了绝对君权古典主义。

12.1 法国古典主义建筑

12.1.1 意大利文艺复兴的催生与法国古典主义初识

与意大利巴洛克建筑大致同时而略晚，17 世纪，法国的古典主义建筑成了欧洲建筑发展的又一个主流。古典主义建筑是法国绝对君权时期的宫廷建筑潮流。

法国中世纪的主要时期见表 12-1。

表 12-1　法国中世纪的主要时期

时间	时代状况
12—13 世纪	城市经济发展迅速，产生了伟大的哥特式建筑
14—15 世纪	与英国在法国本土上进行了 100 多年的战争，文化和建筑遭到惨重的破坏
15—16 世纪	城市重新发展，产生资本主义，建立中央集权的民族国家，发展文艺复兴建筑
17 世纪以后	进入绝对君权时期，抵制巴洛克艺术，形成古典主义建筑并取得了重大成就，产生深远的影响
17 世纪末叶	对外作战失利，经济面临破产，专制政体危机，宫廷糜烂透顶，产生洛可可风格

16 世纪初，国王的宫廷在风景秀丽的罗亚尔河的河谷地带，在这里兴建了大量宫廷以及宫廷贵族的府邸、猎庄和别墅。由于法国在 15 世纪末和 16 世纪初几次侵入意大利北部的仑巴底地区，国王弗朗索瓦一世十分倾心于那里的文艺复兴文化，带回了大批艺术品，也带回来了工匠、建筑师和艺术家。意大利文艺复兴文化成了法国宫廷文化的催生剂，它的出世，就以意大利色彩为标志。

在国王和贵族们的府邸上，开始使用了柱式的壁柱、小山花、线脚、涡卷等，也使用了意大利的双跑对折楼梯。不过，当时仑巴底地区的建筑本来就不是严谨的柱式建筑，加上法国的工匠们按自己的习惯手法处理它们，把这些柱式因素融合在法国的建筑传统中。双方取长补短，使这时期罗亚尔河谷的府邸建筑大放光彩。

自 15 世纪下半叶起，随着资本主义萌芽，法国的建筑开始变化，一些著名府邸（图 12.1、图 12.2、图 12.3）占据了主导地位。它们保持了浓厚的市民文化色彩；整体明快、组合随意、装饰华丽；窗户较大、广用尖券或四圆心券；建筑的四角外挑凸窗、上立尖顶；屋顶陡峭、内设阁楼、脊檐精巧。

法国在 17 世纪到 18 世纪初的路易十三和路易十四专制王权极盛时期，开始竭力崇尚古典主义建筑风格，建造了很多古典主义风格的建筑。古典主义建筑造型严谨，普遍应用古典柱式，内部装饰丰富多彩。

第12章 古典主义建筑室内空间

图12.1　商堡府邸

图12.2　法国城堡

图12.3　阿赛·勒·李杜府邸

古典主义以理性哲学为基础。古典主义又是唯理主义的。17世纪，正是自然科学大踏步前进，开始改变人类的认识和思想的时期。数学、物理学、化学、力学、天文学、生物学、解剖学都咬破了神学的厚茧，有了自己的基本方法和观念，着手建立体系。于是，哲学中产

> **知识链接**
>
> 法国古典主义建筑的代表作是规模巨大、造型雄伟的宫廷建筑和纪念性的广场建筑群。这一时期法国王室和权臣建造的离宫别馆和园林，为欧洲其他国家所仿效。

生了唯理主义(经验论)，它们各自反映着自然科学初期的一方面状态。在法国，勒奈·笛卡儿(Rene Descartes，1596—1650年)的唯理主义占了上风。笛卡儿认为，客观世界是可以认识的，强调理性在认识世界中的决定作用。

法国在中世纪末期产生过辉煌的哥特建筑。1337—1453年在法国土地上进行了英法之间的百年战争，破坏惨重，建筑的发展也几乎停滞了百年。16世纪初，法国成了统一的民族国家，意大利文艺复兴的影响波及法国，许多意大利艺术家和工匠被聘到法国宫廷，其中就有达·芬奇这样的大师。这时候，法国建筑开始使用古典柱式，不过并不严谨。柱式和法国中世纪随宜而得、自由活泼的建筑体形结合，赋予它们一点条理，产生了罗亚尔河(Loire)流域的一批皇家和贵族的庄园府邸，非常可爱。但是，柱式渐渐反客为主，成了法国建筑构图的基本因素，而且也渐渐趋向严谨。法国建筑独特的传统终于被一般化的古典柱式取代了。

打退了意大利巴洛克的法国古典主义其实也来自意大利，意大利文艺复兴盛期和晚期，一方面有帕拉弟奥规范化的柱式建筑，一方面有米开朗琪罗阔大不羁的自由变化的柱式建筑。到了晚期，建筑师的创造力有所衰退，历史机遇也不多了，建筑中也出现了两种倾向，一种是学院派，进一步把柱式教条化，一种是手法主义，企图挣脱柱式教条而趋向新奇。前者由法国人继承，在新的历史条件下，发展为古典主义，后者由意大利人发展为巴洛克。意大利巴洛克形成在天主教会的反改革浪潮中，而法国古典主义则形成在民族国家的中央集权专制制度之下，是法国宫廷文化。

15世纪中叶，百年战争结束，法国的城市重新发展，产生了新兴的中产阶级。中产阶级的经济利益要求消除封建领主纷立的混乱局面，要求国家统一和安全。15世纪末，在中产阶级支持下，国王统一了全国，建成了民族国家。王权逐渐加强，被百年战争延误了的文艺复兴运动一开始就遭遇王权，被王权利用，从16世纪下半叶起产生了早期的古典主义。到17世纪中叶，路易十四(Louis XIV，1643—1715年在位)统治下，王权演化成绝对君权，早期古典主义也就演化成古典主义的宫廷文化。

随着古典主义建筑风格的流行，巴黎在1671年设立了建筑学院，学生多出身于贵族

家庭，他们瞧不起工匠和工匠的技术，形成了崇尚古典形式的学院派。学院派建筑和教育体系一直延续到19世纪。学院派有关建筑师的职业技巧和建筑构图艺术等观念，统治西欧的建筑事业达200多年。

12.1.2 绝对君权的纪念碑

路易十四的宫廷，作为法国最高的统治者和立法者，为了严密地控制国家和社会，正致力于在一切领域建立规则和标准。为了保证他的"伟大的时代"的文化艺术都具有"伟大的风格"，以彰显他的伟大、光荣和正确，路易十四设立了一批学院，有绘画与雕刻学院（1655年）、舞蹈学院（1661年）、科学院（1666年）、音乐学院（1669年）和建筑学院（1671年）等，这些学院的主要任务之一，就是在文化和各个领域里制定严格的规范和相应的理论。

建筑学院的第一任教授布隆代尔（1617—1686年）是古典主义主要的理论家，他编写的一本教材是古典主义建筑的经典。他写道："一个真实的建筑由于它合于建筑物的类型的义理而能取悦于所有的眼睛。义理不沾民族的偏见，不沾艺术家个人的见解，而在艺术的本质中显现出来。因此，它不容忍建筑师沉溺于装饰，沉湎于个人的习惯趣味，陶醉于繁冗的细节；总之，抛弃一切暧昧的东西，于条理中见美观，于布局中见方便，于结构中见坚固。"布隆代尔们致力于探求先验的、普遍的、永恒不变的、可以用语言说得明白的建筑艺术规则和标准。他们认为这种绝对的规则就是纯粹而简单的几何结构和数学关系。因此布隆代尔把比例尊为建筑造型唯一的决定性因素。他说，"美产生于度量和比例"，只要比例恰当，连垃圾堆都会是美的。他排斥直接、感性的审美经验，依靠两脚规来判断美，用数字来计算美，他重述维特鲁威在《建筑十书》中的话，建筑的美在于局部和整体间以及局部相互间的整数比例关系，它们应该有一个共同的量度单位，只要稍微偏离这个关系，建筑物就会混乱，这种唯理主义的美学观，早在古希腊时代就由毕达哥拉斯和柏拉图提出，断断续续传承到17世纪终于形成了系统而完备的理论。

最合乎古典主义基本要求的自然是古典柱式。第一，它在古代就有相当严密的、稳定的规则，维特鲁威给它初步制定了"度量和比例"，经过文艺复兴时期诸家的推敲，"度量和比例"更加细致精深了。柱式正是唯理主义者所需要的。第二，柱式建筑庄严端重，雄伟和精丽，表现了罗马帝国的强大，把法兰西看做古罗马帝国的后继，所以柱式正是宫廷文化所需要的。

古典主义建筑是最严谨的柱式建筑，也就是最公式化的建筑，它讲究布局的逻辑条理、构图的几何性和统一性、风格的纯正，要简洁、含蓄、高雅，不做很多装饰，不重视色彩甚至排斥色彩，认为色彩会扰乱对形体美的欣赏，形体美是真实的，而色彩的炫目则是虚假的。古典主义和巴洛克发生过形体和色彩的优劣之争，最后不了了之，不过促进了两者的相互渗透。

发生在卢浮宫东立面（图12.4）设计的故事，是法国古典主义原则战胜意大利巴洛克的最直接的例证。这个立面全长172m，高28m，上下分为

图12.4　卢浮宫东立面

三段，按一个完整的柱式构图，底层做成基座模式，顶上是檐部和女儿墙。二三层是主段，立通高的巨柱式双柱。它左右分五段，各以中央一段为主。中央三开间凸出，上设山花，统领全局。两端各凸出一间，作为结束，比中央略低一级而不设山花。这种上下分三段，左右分五段，中央一段为主，等级层次分明的构图，是古典主义建筑的典型特征之一，不但在各种建筑中普遍应用，而且也成为城市规划和园林布局的基本原则，它图解着以君主为中心的封建等级制的社会秩序，同时也是对立统一法则的成功运用。

卢浮宫(图12.5)东立面的构图使用了一些简洁的几何结构。例如，中央凸出部分宽28m，正与高度相同，是个正方形。两端凸出部分宽24m，是柱廊宽度的一半。双柱与双柱间的中线相距6.69m，是柱子高度的一半，基座层的高度是总高度的1/3，等等。整个立面因此十分简洁清晰。它形体简洁，装饰不多，色彩单纯，可以一目了然。但是，双柱不合结构逻辑，是非理性的，本来常用在巴洛克建筑中，显现窗户古典主义中巴洛克理念的渗透。

图12.5　卢浮宫的柱面

而双柱丰富了光影和节奏的变化，而且更加雄伟有力，正是王家宫殿所追求的威仪。标志着法国古典主义建筑的成熟，卢浮宫东立面成了法国古典主义建筑的里程碑式作品。

17世纪法国的古典主义建筑主要是国家性的大型建筑，这些建筑又是为路易十四服务的，有些直接供他使用，有些专为荣耀他本人或他的政权。前者如卢浮宫和凡尔赛宫，后者如一些城市广场和广场中的纪念物，最著名的是巴黎的旺多姆广场(图12.6)和它的中央雕像。一些教堂也是王家宫廷的。它们都规模宏大，气象壮观。路易十四的首辅大臣高尔拜(1619—1683年)在一封上路易十四书里说："如陛下明鉴，除赫赫武功而外，唯建筑物最足表现君王之伟大与庄严气概。"

图12.6　旺多姆广场

小孟萨特的创作是摇摆于巴洛克和古典主义之间的。他给凡尔赛宫建造的南北两翼，外立面上柱式相当严谨，但组合的节奏却有变化，显出一种主观的随意性。他设计的镜厅，内部装饰由勒·布朗完成，豪华壮丽色彩缤纷灿烂，以17面大镜子正对着朝西的17个窗子，造成了空间和光影扑朔迷离的幻觉(图12.7)，充满了意大利巴洛克式趣味。小孟萨特在凡尔赛园林里建造了一些小品建筑，都是纯净的古典主义作品。著名的柱形柱廊，轻盈优雅，围着一座喷泉，但它的巴洛克式雕像动态十分剧烈，和柱廊形成很活泼的对比构图。另一座著名作品是大园林北部的大特里阿侬宫(1687年)简洁明快，充分表现出柱式建筑的高尚品味。但是他采用了彩色大理石做柱子和铺地面，还采用了镀金的铜栏杆。它的中部，敞廊洞开，也是一种巴洛克的新手法。

小孟萨特的最重要作品是恩瓦立德新教堂(Invalides，1680—1706年)，(图12.8、图12.9)这是法国17世纪最典型的古典主义建筑。这教堂造在巴黎市中心的残废军人安养院，目的是表彰"为君主流血牺牲"的人。小孟萨特摒弃了16世纪下半叶仿罗马耶稣会教堂和17世纪中叶仿哥特式教堂的陈习，而采用了正方形的希腊十字式平面，上面用有力的鼓座高高举起饱满有力的穹顶，构成了集中式的纪念碑形体。它高达105m，是安养院的垂直构图中心。恩瓦立德内部明亮、装饰很少，石料袒露着土黄本色，不外加面饰。柱式组合表现出严谨的逻辑性，脉络分明，庄严而高雅，没有宗教的神秘感和献身精神。但是它上面的直径27.7m的大穹顶却利用结构的两个层次和光线造成了天宇谬廊的幻象，正中画着耶稣基督，尊贵而高远，引发人们的崇拜。他把罗马耶稣教堂天顶画的意境用建筑手段空间化了，因而更显得真实。这教堂的外形主要是古典主义的简洁、明确、和谐以及水平划分，但鼓座上以檐口的断折显出巴洛克的节奏跳动和强有力的垂直划分。穹顶面上12根肋之间铅制的"战利品"浮雕，在绿色底子上托出，辉煌夺目。它们点出了建筑的主题：它其实不是一座宗教建筑，是为了炫耀路易十四的武功而造的。依附于宗教信仰而服务于现实的宗教利益，这是君主专制下建筑经常担当的任务。

图 12.7　卢浮宫镜厅

图 12.8　恩瓦立德新教堂

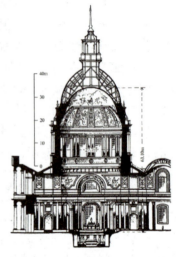
图 12.9　恩瓦立德新教堂结构图

　　由于法国的古典艺术建筑和意大利的巴洛克建筑都发生在17世纪，而且相互渗透，所以有许多史学家把它们混为一谈，统称为"巴洛克"。这种看法只从一部分表面现象着眼，而没有顾及它们的文化历史内涵，一个产生于天主教对宗教革命的反扑，一个产生于统一的民族国家集权宫廷。

　　作为宫廷文化的古典主义，越来越脱离人民，一味追求典雅、崇高庄严，以致渐渐变得像王权一样冷峻、傲慢而凌人。它固有的学院式教条主义倾向也越来越僵化，建筑一味追求外表的比例、权衡，不再表达思想感情，古典主义终于进入了失语状态。18世纪和19世纪初，欧洲处于剧烈的动荡形势下，艺术和文学都追求思想和感情的强力抒发，古典主义便衰退了。

　　在18世纪上半叶和中叶，国家性的、纪念性的大型建筑比17世纪显著减少。代之而起的是大量舒适安谧的城市住宅和小巧精致的乡村别墅。在这些住宅中，美轮美奂的沙龙和舒适的起居室取代了豪华的大厅。在建筑外形上，虽然巴洛克教堂式样很快为其他建筑物所效仿，但这时期巴黎建筑学院仍是古典主义的大本营。

12.2 欧洲其他国家17~18世纪建筑

12.2.1 德国17~18世纪建筑

德国在30年战争期间破坏严重。艺术发展受到阻碍，从战争中恢复过来花了将近半个世纪，然而到了19世纪，德国又重新陷入了战前的分裂局面。虽然四分五裂的德国在19世纪前在欧洲历史上未能作为一个统一体发挥作用，但这似乎并没有妨碍德国艺术与学术的发展；而且在天主教大修道院及教堂中，巴洛克和洛可可室内装饰，其豪华程度比起世俗建筑来，有过之而无不及，尤其是德国南部地区。

这时的建筑室内设计达到了很高的水平，尤其在楼梯间的设计上。例如乌兹堡的寝宫和波莫斯菲顿宫的楼梯厅，充分利用大楼梯的形体变化和空间穿插，配合绘画。雕刻和精致的栏杆，造成了富丽堂皇的气派效果。它们都用了一些世俗化了的巴洛克风格，像在西班牙变成超级巴洛克一样，洛可可风格到了德国，也变得毫无节制，放荡不羁。

（1）教堂空间。诺伊曼在24岁时到德国中南部的维尔茨堡做了一名军事工程师，后来被任命为维尔茨堡亲王兼主教的宫廷建筑师。他作品的最大特色在于辉煌的礼仪性大楼梯。其中最有名的是维尔茨堡雷西登茨宫的楼梯间（图12.10）。这是一座大型宫殿，里面有一个漂亮的洛可可风格的小礼拜堂，一个气派的大楼梯，一间主要大厅，其顶棚用壁画进行了装饰，由威尼斯画派乔瓦·巴蒂斯塔·提埃波罗绘制。石膏装饰的细部与绘画相互结合，雕刻消失在画中，图画溢出画框，相辅相成，表达出无限的空间感。粉红、蓝、金是调色板内的主要颜色。大楼梯在底层由高高的拱廊来支撑，上层的墙壁上装饰着扁平的壁柱，其上建有高柱的大穹顶，覆盖了整个楼梯大厅。在这里，融建筑、绘画与雕塑为一体，俨然是一座洛可可艺术的殿堂。

图12.10 维尔茨堡雷西登茨宫的楼梯间

在宗教建筑中，诺伊曼则施展了他构建复杂拱顶体系的才华，他最著名的教堂设计要数位于韦尔岑海利根的朝圣教堂（图12.11），始建于1743年，建在美因河畔的一座小山上。该教堂实际上是一座巴西利卡，但曲线占了主导地位，主空间的平面由3个纵向的椭圆形构成，而耳堂的平面则是两个圆形。主祭坛设在教堂中央，雕刻有14位圣徒的祭坛呈心形，体现了传说的神秘氛围，其上是椭圆形的拱顶。室内建有的穹顶支撑体系，中堂与侧堂相贯通，穹顶不是靠外墙

图12.11 韦尔岑海利根的朝圣教堂

支撑，而是靠中堂与侧堂之间的柱子来承重，因此，光线通过外墙上的三层窗户照射进来，创造了一种朦胧的诗性效果。洁白的墙壁、华丽的大理石柱和色彩绚丽的壁画，构成了一种轻快活泼的基调；中堂的圆柱并非排列成直线，而是进进出出，就像迈着舞步；柱上楣的曲线盘绕着整座教堂，宛如优美的赋格曲。

(2) 宫殿和府邸。宫殿和府邸设计中常免不了一些符合潮流的特别房间的装修设计。例如在德国奥格斯堡的施纳茨勒府邸舞厅，墙面有洛可可石膏艺术工艺、木雕、精美镜框、烛台和枝形烛架，在天棚和墙壁上还有壁画，所有一切华贵装饰都是要突现和强调府邸主人的重要性。慕尼黑的宁芬堡宫内，它的中厅是一个简单的圆形，相邻的两个房间是银色和柠檬色，中厅有三间窗户开向花园。墙面上的镜框把原本简单的形式转化为貌似复杂的效果，像万花筒般的扑朔迷离，层叠反射墙面和顶棚上的银色石膏装饰，以及中间灿烂辉煌的枝形花灯形象（图12.12）。德国宫殿的室内设计以及一些小型的、非正规的宫廷建筑，如花园中的亭榭，都深受法国的洛可可风格影响。

图 12.12　宁芬堡宫

12.2.1　英国 17～18 世纪建筑

17世纪上半叶，英国资本主义经济迅速成长，封建制度成了资本主义发展的严重障碍，资产阶级革命爆发。革命力量聚集在国会周围，同国王进行激烈的斗争，1649年，查理一世终于被送上了断头台，国会废除了君主制，宣布英国为共和国。1660年，斯图亚特王朝复辟。1688年，资产阶级和新贵族发动宫廷政变，推翻了复辟王朝，确立了君主立宪制的资本主义制度。英国资本主义经济发展的重要特点之一是它在早期就深入农业。一些贵族从事资本主义经营，一些资产阶级购买土地，建设农庄。庄院府邸一时大盛，带动了建筑潮流的变化。

18世纪中叶兴起于罗马的一种艺术思潮和艺术风格被称为新古典主义，它很快传遍到英国以及整个欧洲，并随着殖民活动，漂洋过海，传向北美地区。

(1) 詹姆士一世时期，1603年英王伊丽莎白一世死后无嗣，苏格兰国王詹姆士四世被指定为继承人，史称詹姆士一世，开始了斯图亚特王朝的统治。詹姆士一世在位期间依靠封建贵族，加强君主专制统治，鼓吹君主是君民之父，宣扬"君权神授"和"君权无限"论，把英国国教作为封建专制统治的精神支柱，加强对农民和手工业者的剥削，给广大人民带来了灾难，严重阻碍了资本主义的发展。1625年詹姆士一世逝世，其子查理一世继承王位。

詹姆士一世时期，伊尼戈·琼斯担当起了把文艺复兴盛期比较协调的古典主义引进英格兰的重担。琼斯是崭新的白厅宫的设计者，它只是小部分建成，那就是宴会厅部分，这是一间两层高的房间，带有严格的帕拉蒂奥的外立面，室内是双立方体空间，带出挑的阳台，下层是爱奥尼柱式，上层是科林斯柱式，顶棚分成格子，格子内部是鲁本斯的绘画，周围是华美的石膏装饰(图12.13)。

詹姆斯一世时期的家具从某种程度上说比伊丽莎白时期的前辈们的家具要轻巧多了，尺度也小些，雕刻装饰也更优雅(图12.14)。

图12.13　白厅宫的宴会厅

图12.14　詹姆斯一世时期的家具

(2) 加洛林王朝时期和威廉、玛丽时代，从加洛林王朝到威廉和玛丽时代，英国最著名的建筑师就是克里斯托弗·雷恩爵士，他是一位数学家、物理学家、发明家和天文学家，是一名真正的多才多艺的"文艺复兴人物"。他对于科学与数学的兴趣为他的作品带来了理论和逻辑的特点，加上与法国和意大利的巴洛克艺术相结合，产生了一种独特的英国语汇。

雷恩的巴洛克手法常常受到法式和规则的约束，因此与意大利北部天主教建筑、德国南部或奥地利的巴洛克迥然不同。例如，圣史蒂芬·威尔布鲁克教堂的外观并不是非常气派，但室内设计却是雷恩伟大的杰作之一。这是一个简单的长方形空间，通过引入16根柱子来界定一个希腊十字，一个方形，方形之上是八边形，这样使空间变得复杂起来，八边形通过8个券来界定，上面支撑一个圆形顶，穹顶通过呈以16、8、16块变化的镶板数来装饰，再上面是一个通向采光厅的小圆洞。这个几何杰作产生了独特的美感，室内则通过椭圆形窗和券窗得到照明(图12.15)。

在加洛林时期，胡桃木成为最广泛的木材，还常常带有黑檀或其他木材的镶嵌物。在椅背、椅腿和橱柜腿上出现了曲线形式(图12.16)。圆桌也开始采用。非常优雅的雕刻并不罕见，有时涂漆或镀金。从更多地采用室内装饰品，出现翼背椅和各种形式的桌子以及从前不知道带抽屉的箱子看来，这时的室内是以不断强调奢侈、舒适和使用方便为宗旨的。

(3) 安妮女王时期，安妮女王统治时期相当于英国建筑的晚期和巴洛克时期，家具和室内设计呈现出一种新的趣味：实用、朴素和舒适。建筑却与之相反，继

图12.15　圣史蒂芬·威尔布鲁克教堂

图12.16　加洛林时期的家具

图 12.17 布伦海姆府邸大厅

续表达巴洛克式的壮观。范布勒设计的布伦海姆府邸是王室送给马尔伯勒公爵的一份厚重而有纪念意义的礼物,表彰他在布伦海姆战役战胜了法国人。大厅的无尽序列,三层高的巨大长廊,以及厨房和马厩院的复杂设计使它可以与凡尔赛宫殿相媲美(图 12.17)。

古典语汇开始进入创造性的变化中,产生了活跃的建筑轮廓线,并同时证明着巴洛克的设计方式——断山花,屋顶上的尖塔以及室内设计,例如带有巨大尺度,富有错觉的建筑墙面和天顶画的沙龙客厅,一切都极富戏剧性。

(4)乔治王朝时期,乔治王朝时期,在牛津附近的凯特林顿庄园有一座小住宅内的一间漂亮房间是典型实例,现保存在纽约大都会博物内(图 12.18)。这个现代意义上的书房,表现出比较严谨,但又丰富而豪华的内部装饰,并带有洛可可风格的石膏细部,墙面和顶棚覆盖着白色的石膏装饰;镜子、绘画和巨大的镀金烛架增添了色彩和光亮。

图 12.18 凯特林顿庄园的书房

乔治风格后期的建筑与室内设计特点体现在亚当兄弟的优秀作品中。他们的作品部分带有帕拉蒂奥特点,部分带有洛可可风格,如同法国洛可可艺术一样,趋于严谨的新古典主义。在贝德福德郡的卢顿·霍府邸的设计中,从平面可以看出亚当所关注的实际用途,即房间不向另一房间直接开门,相反,使用一条长廊通向各个房间。餐厅旁边是餐具室,并有楼梯通往下面的厨房。唯有伯爵的房间可以从邻近的房间进入,并有一扇门通向一个大型图书室,走廊外面,有服务性楼梯通向其他楼层和一些带盥洗室的小房间,这是室内厕所的早期模式。立面中间是门廊控制着两侧的屏墙,屏墙遮挡着采光井恰好为小房间提供了光线和通风。

在伦敦郊外的西翁府邸有一个壮观的入口大厅,位于两端所有灰白相间的半圆形壁龛均导向一个令人惊讶的方形接待室,有 12 根绿色大理石的爱奥尼柱子,每根柱子上面支撑着一个金色雕像。彩色大理石的地面图案重复着米色和金色石膏顶棚的调子(图12.19)。

在乔治风格的住宅内，根据主人的财富和地位，无论朴素还是高贵的房子都带有装饰性的石膏顶棚和装饰性壁炉台，家具也根据主人的喜好做得或舒适朴素或炫耀卖弄。绘画和镜框挂在墙上，框子很优美；窗户广泛地采用帐幔处理(图12.20)。来自中国的墙纸表达了自然的风景主题，进口的瓷器是餐具中的时尚，钟柜与小神庙形式很像，由山花和柱子构成。小型钟带有弹簧驱动装置，盒子样式从严谨到装饰都有，以便在功能和装饰两方面都能满足各种特殊房间的需求。这时出现的奇彭达尔风格可以看做是混合各种外来影响的严谨的洛可可形式，特别是中国要素，如中国家具和在中国风景画墙纸上出现的塔、雕刻的龙和漆器艺术。奇彭达尔家具

图 12.19　西翁府邸的入口大厅

有一种潜在的简洁性，制造精巧、坚固、实用，并富有装饰效果，有着简单的方形腿、弯曲的腿及带孔洞的椅背等(图12.21)。

图 12.20　乔治风格住宅内的窗户

图 12.21　奇彭达尔家具

12.3　古典主义室内空间的特点

路易十五时代的建筑从巴洛克风格的烦琐转向古典主义的内敛，最终被称为新古典主义。在路易十五时期，更关心的是朴素的城镇住宅设计，较小的皇室项目和采用优雅洛可可风格的室内装修与改造。

从17世纪初以来，法国的室内空间不再追求无谓的排场而求实惠，并更倾向于关心生活的方便和舒适，有些府邸就把前院分成左右两个，一个是车马院，一个是漂亮整齐的前院；大门也分两个，正房和两厢加大进深，都有前后房间，比较紧凑；普遍使用小楼梯和内走廊，穿堂因而减少；厨房和餐厅相邻，卧室附设浴室、厕所和储藏间；并专门为采

光和通风设计了小天井；有了可以用水冲刷的卫生设备和冷热水浴室。平面上功能区分更明确，精致的客厅和亲切的起居室代替了 17 世纪豪华的沙龙，以适应言辞乖巧、举止风流的慵懒生活，连凡尔赛宫里的大厅也被分隔成小间。没落贵族的娇柔气质，要求房间里没有方形的墙角，喜爱圆的、椭圆的、长圆的或圆角多边形的等形状的房间，连院落也是这样。

当法国文艺复兴的室内设计风格为官宦权贵们服务时，市民们朴素的，建房屋、做家具的方法却一直沿用中世纪使用的工匠系统。17 世纪和 18 世纪，当以商人、工匠和专业人员为主体的中产阶级开始出现时，随之也出现了一批房屋所有者，他们希望并且也有能力承担一种舒适奢华的高水平生活方式。过去只能在府邸和宫殿中才能享受到的优雅，现在开始出现在一些类似的地方，甚至小尺度建筑上也拥有这种趣味。

12.4 古典主义家具及陈设

路易十四时期的古典主义家具与那时的宫殿、城市府邸一样，尺度巨大，结构厚重，装饰丰富。建筑与室内设计的性格是统一的。橡木与胡桃木是常用的木材，此外，还用一种镶嵌细工，镀金和银来装饰。椅子一般是方形的，很厚重，带有扶手座位和靠背，并有垫子和套子。除了这些厚重精致的家具以外，有些小物品也和家具一起平行发展。照明的枝形烛台用金属、雕花木头和水晶进行各种方式的组合。镜子有各种尺寸、采用雕化和镀金边框，与画框一样装饰丰富。钟的价值在于装饰华丽，暗示地位尊贵。色彩趋向强烈，明亮的红色、绿色或紫罗兰色，与镀金装饰一起，极尽奢侈豪华。中国墙纸从那时起开始引进，并且渐渐地在室内设计中深受欢迎，它带来了东方趣味和异国情调。挂毯是人们非常喜爱的墙上饰物，有时铺在地上，下面是木材、石头或大理石铺设的，常带有简洁的几何图案。

地方性家具在法国不同地区略有不同，但都是从路易十四或路易十五的华贵风格中提取元素并进行简化的。雕刻细部趋向于华美并采用曲线，但材料通常为实心木料，最常用的木材有橡树和胡桃树。出现了大型的存储用的柜子，大衣柜是重要的陈设家具，常常有雕刻细部，暗示着洛可可设计风格。五金材料，如手把和钥匙孔周围的锁眼盖都有装饰。椅子通常小而简单，梯状靠背椅，灯心草坐垫椅，还有绑着坐垫的椅子是最常见的形式。在椅子的靠背和坐垫上常有椅套和椅垫，它们追随高尚的风格，都是细部简化。

这一时期来自于宫廷艺术的室内陈设得到了进一步发展，表现出奢华纤秀、华贵妩媚的气质，给人以温柔的感觉。玻璃制品、挂钟、金属工艺品等被广泛采用，但金属工艺品同时兼搭宝石、陶瓷、玻璃等材料，显得富丽堂皇。

本 章 小 结

本章对古典主义作了较详细的阐述，包括法国古典建筑、欧洲其他国家 17～18 世纪建筑、古典主义室内空间的特征、古典主义家具及室内装修 4 个部分，并在每一部分配以翔实的图片便于学生更直观的理解。

本章的教学目标是使学生掌握这一时期的建筑风格及室内装饰特征。

【实训课题】

(1) 内容及要求。

① 选取一个古典主义时期具有代表性的建筑,收集图片及相关资料,分析研究它的建筑及室内装饰特点,完成一份调研报告。

② 根据17世纪和18世纪时期某一国家家具的要素特点,设计并绘制家具三视图并以1∶50的比例制作家具模型。

③ 钢笔速写画出法国古典主义建筑的典型——卢浮宫东立面图。

(2) 训练目标:掌握古典主义时期室内设计元素及家具特点。

【思考练习】

(1) 法国古典主义标志性建筑是哪座建筑?

(2) 法国古典主义时期的著名建筑师及其作品有哪些?

(3) 17—18世纪,欧洲其他国家建筑各自的发展特点。

第13章
19世纪建筑室内空间
——对各种设计风格的"复兴"

知识目标

熟悉工业革命对室内设计的影响。掌握19世纪出现的摄政时期风格、浪漫主义风格、复古主义风格、折中主义风格、维多利亚风格及后期产生的各种建筑设计思潮,如新艺术运动、工艺美术运动、芝加哥学派。

重难点提示

重点:19世纪出现的各种设计风格。

难点:浪漫主义风格、维多利亚设计风格、后期产生的各种建筑设计思潮。

第13章 19世纪建筑室内空间

【引言】18世纪末到19世纪的设计主流是对各种风格的"复兴",如哥特式复兴、罗马式复兴、希腊复兴、新文艺复兴、巴洛克复兴等。当然,这些不是简单的模仿,而是结合了19世纪在结构、功能、材料和装饰方面的新观念,同时也带有折中主义的特点。

13.1 工业革命对室内设计的影响

早期工业革命对室内设计的影响,其技术性大过美学性。第一步是走向现代化的管道系统,照明和取暖方式的出现,使得早期室内的某些重要元素逐渐过时。同时,工业革命所带来的新兴材料的出现,使建筑及室内空间也发生了重大的改变。

(1) 铁与玻璃的运用。工业革命带来建造的新方法、新需要和新技术的相互作用。铁作为高强度和低投入的材料存在,在机车和铁轨生产方面起了重大的作用。尽管早期的工程结构对希腊、哥特复兴建筑的设计师很少产生影响,但它们证明了新的技术,注定要带来设计上的根本变化。

为了采光的需要,铁和玻璃两种建筑材料的配合应用在19世纪建筑中获得了新的成就。19世纪最伟大的玻璃和铁的建筑正是于1851年建于伦敦的展览馆,它被用来庆祝维多利亚时代英国的伟大。这座展览馆称为水晶宫(图13.1),它由铸造厂大量生产铁构架、柱子和梁架,在工地上铆拴在一起,再把工厂制造的玻璃片装上,优美、简洁、轻快的室内深受与会者的赞赏。1889年的世界博览会上,以高度最高的埃菲尔铁塔与跨度最大的机械馆为中心。铁塔在工程师埃菲尔(G·Eiffel)的领导下,花费17个月建成。塔高达324m,它的巨型结构与新型设备显示了资本主义初期工业生产的最高水平与强大威力。机械馆(图13.2)布置在塔的后面,是一座前所未有的大跨度结构,刷新了世界建筑在跨度上的纪录。这座建筑物长度为420m,跨度达115m,主要结构由20个构架所组成,四壁与屋顶全为大片玻璃。在结构方法上首次应用了三铰拱的原理,拱的末端越接近地面越窄,每点集中压力有120t,促使了建筑不得不探求新形式的现实。机械馆直到1910年才被拆除。

图13.1 伦敦"水晶宫"

(2) 钢筋混凝土的使用。钢筋混凝土在 19 世纪末到 20 世纪初被广泛采用，给建筑结构方式与建筑造型提供了新的可能性。钢筋混凝土的出现在建筑上的应用几乎成了一切新建筑的标志。其结构一直到现在仍体现着它在建筑上所起的重大作用。

钢筋混凝土的广泛应用是在 1890 年以后，它首先在法国与美国得到发展。法国建筑师埃内比克于 19 世纪 90 年代在布尔·拉·莱因城为自己建造的别墅，就是钢筋混凝土应用一个典型实例。此后，包杜也于 1894 年在巴黎建造的蒙马尔特教堂中应用了钢筋混凝土结构，这是第一个用钢筋混凝土框架结构建造教堂的例子。

图 13.2　巴黎世界博览会机械馆的三铰拱

13.2　摄政时期样式与复古思潮

13.2.1　摄政时期样式

1811 年，英格兰乔治三世由他的儿子摄政王继位。在乔治末期和随后的 19 世纪发展过程中的设计，被称为"摄政时期样式"。这种风格来自 18 世纪晚期新古典主义，形式来自于希腊和罗马的先例，混杂了更多外来的元素——埃及的、中国的和摩尔人的特点。由于受到英国、法国、比利时殖民地文化的影响和远方不同文化的影响，使得迷恋异国情调的主题成为可能。摄政样式最奇特的地方是它看上去是在古典主义的限制和丰富的幻想间摇摆。

摄政时期最壮观的建筑是布赖顿的皇家别墅 (1815—1821 年)(图 13.3)，这是一处居住和娱乐的宫殿，满足摄政王的心血来潮。由约翰·布什设计，混杂着东方风格及洋葱顶主导的外观，使之具有摩尔人建筑的面貌。皇家别墅内部是一系列富于幻想性装饰的房间。迷幻而精巧的枝状吊灯用了新发明的气灯，显示了照明的新水准。中国的壁纸和竹家具，红色和金色的精美织物，镀金的雕琢过的家具带有黄铜的嵌饰和边条，各种新颖的粉红色和绿色的地毯，强烈的墙面色彩，使得布赖顿皇家别墅成为戏谑的、富幻想的、重装饰的摄政时期设计的典型代表。

约翰·索恩是摄政时期特别有趣的设计师，他高度个性化的作品，有时是新古典主义的，有时是指向现代主义的严肃朴实，有时又有复杂的装饰。英国摄政时期的家具从古希腊和罗马的样式中所借鉴的，红木和花梨木是受欢迎的材料，通常在外表的形式中

图 13.3　英国布赖顿的皇家别墅

采用，并常有黄铜的镶嵌物和装饰细部。黑色的表面和镀金的细部也常见(图 13.4)。桌腿上有奇异的雕刻，甚至是古怪的，主题形式是狮子或秃鹰的头和身子逐渐缩为一只脚，称作单腿式。其基座的圆形和八角形的餐桌变得普通起来。托马斯·霍普是一位职业的银行家，也是一个热心的家具设计者。他于 1807 年出版的《居室家具和室内装饰》中描述了他的设计，被称为"英式帝国式"家具。

13.1.2 复古思潮

18 世纪古典复兴建筑的流行，主要由于政治上的原因，另一方面则是因为考古发掘进展的影响，特别是庞贝城的出土。古典复兴建筑在各国的发展，虽然有共同之处，但多少

图 13.4 英国摄政时期的扶手椅

也有些不同。大体上在法国是以罗马式样为主，而在英国、德国则以希腊式样较多。新建筑类型的出现，以及新的建筑材料、新的建筑技术和旧形式之间的矛盾，便导致了 19 世纪下半叶建筑艺术的混乱，这也正是折中主义的形成。

古典复兴、浪漫主义与折中主义在欧美流行的时间见表 13-1。

表 13-1　古典复兴、浪漫主义与折中主义在欧美流行的时间

	古典复兴 /年	浪漫主义 /年	折中主义 /年
法国	1760—1830	1830—1860	1820—1900
英国	1760—1850	1760—1870	1830—1920
美国	1780—1880	1830—1880	1850—1920

知识链接

采用古典复兴的建筑类型主要是为资产阶级政权与社会生活服务的国会、法院、银行、交易所、博物馆、剧院等公共设施，还有纪念性的建筑，至于一般市民住宅、教堂、学校等建筑类型，相对来说影响较小。

1. 英国的复古思潮

在英国，文学艺术上的浪漫主义思潮是工业革命的产物，艺术家在注重感情表现的同时，也发展了新的审美范畴，梦幻、恐怖，甚至丑陋都可以成为艺术创造的题材。

自中世纪以来，哥特式风格在英国从来没有消失过，但对哥特式风格有意识的复兴始于 18 世纪 30 年代。1749 年，沃波尔买下了位于伦敦附近特威克纳姆的草莓山庄，并着手将它改建成一座哥特式的城堡，这是将哥特式运用于民间建筑的革命性创举，采取了非对称的布局，在室内装饰与家具设计方面，他也坚持采用景致统一的英国垂直式风格。

英国在 19 世纪欧洲哥特式复兴中扮演了重要的角色，而这一运动最有力的倡导者是普金。普金出版了一系列带插图的论述性著作，如《尖顶建筑或基督教建筑的真谛》，在

理论上与风格上决定了哥特式复兴的进程。普金还是一个多产的天主教建筑师,早期的重要作品有德比的圣玛利亚大教堂和麦克尔斯菲尔德的圣阿尔班教堂,两者都是垂直式建筑。除了建筑设计以外,普金还是一位优秀的工艺设计师,在家具、金工、陶瓷、织物、彩色玻璃,以及墙纸等设计方面都具有很高的造诣。1844年初,他完成了他最自豪的出版物《基督教装饰及祭服汇编》,在其艺术生涯的后期,应建筑师巴里的邀请,他参与了伦敦议会大厦(图13.5)的建造工程。

图 13.5　英国议会大厦外观与室内空间

2. 法国的复古思潮

1814年3月联军进入巴黎,4月6日拿破仑下诏退位,路易十八随即登上王位,于是,法国在文学和艺术上掀起了浪漫主义运动,而追求共和制的资产阶级以历史上的罗马作为借鉴,也是再自然不过的。

从19世纪上半叶开始,在英国哥特式复兴遍地开花的同时,在法国兴起了对中世纪哥特式建筑的研究与保护。维奥莱·勒迪克很快成为历史文物委员会的中心人物,修复了许多中世纪的建筑物,如圣丹尼斯教堂、卡尔松和阿维尼翁城堡、亚眠主教堂、兰斯主教堂等。

帝国风格最初是指室内设计与装饰,后来被扩展到公共建筑和其他的陈设与物品设计上,它是古典主义风格一个令人炫目的豪华变体,是拿破仑时期风靡一时的法国官方建筑装饰风格。建筑尺度宏大、等级严格、材料昂贵、做工精良,并服从于"忠实于材料"的原理,这是19世纪所流行的美学信条。帝国风格的创建者是法国建筑师方丹与佩西耶。他们对古希腊罗马建筑与装饰的深入研究正顺应了这一时代的要求,他们的出版物《室内装饰集》对于帝国风格的传播也起到了很大的作用。

3. 德国的复古思潮

19世纪,德国经历了从封建主义到资本主义的过渡,结束了长期领土分裂与专政制度的小国割据,成为中央集权国家,从而由19世纪上半叶的农业国变成了一个工业国,并在政治、经济精神生活各方面都进行了一系列改革,获得了突飞猛进的发展。

随着社会的进步和文化的发展,在德国建立了一批新型艺术博物馆,各邦国君的艺术收藏也逐渐对公众开放,广大的人民群众有了接触艺术品的机会,提高了艺术鉴赏力。而资产阶级的艺术协会、艺术博物馆与展览会以及艺术评论也都起到了传播与介绍艺术的作用。

第13章 19世纪建筑室内空间

德国的希腊复兴通常和K.F.辛克尔联系在一起。他最成功的地方是对古代经典的吸取,善于运用柱式、檐部,并常有山花,但他对这些素材的运用非常自由和富有想象力,他从不尝试任何希腊建筑原本的再现。辛克尔所设计的一系列公共建筑,其中的第一批建筑有皇家新警卫楼、剧院和博物馆。其中,博物馆的室内也充满了富丽的细部、绘画、雕塑和高超的技艺所处理的新古典主义建筑主题。

4. 美国的复古思潮

美国作为新独立的国家是第一个宣称自己是民主政体的现代国家,就像过去的古希腊那样。在纽约,汤和戴维斯公司创作了另一幢帕提农式的庙宇——美国国会大厦(图13.6),它是完全石砌的建筑,前后都有多里克柱廊,四周的窗户由壁柱间隔着。室内是约翰·弗拉齐的杰作,他是主要公共空间的设计师,圆形的大厅,周围一圈科林斯柱和壁柱,支撑着主要坡顶,下嵌有饰板的穹顶。吸收希腊的先例经验,在功能上往往是成功的,形式庄严而且令人印象深刻。大量使用希腊式的家具,克利斯莫斯椅和希腊装饰主题的沙发,安置在希腊檐口线脚和粉饰过的玫瑰花形顶棚下。甚至墙到墙之间也铺了地毯,运用了模糊不清的希腊式。

纽约州塔里敦城附近俯瞰哈得逊河的林德哈斯特府邸是戴维斯著名的作品,它将哥特式的元素,包括巨大的塔楼,运用到一座乡村

图13.6 美国国会大厦

住宅设计中。这幢住宅最初建成是对称的,但1864年戴维斯为新主人扩建时,将设计改成生动的不对称式,许多房间充满了哥特式细部,顶棚上粉饰出的肋料寓意哥特式的拱顶,尖券窗带花饰窗格,里面用着色玻璃镶嵌,还有许多雕刻装饰细部。

5. 折中主义思潮

随着社会的发展,需要有丰富多样的建筑来满足各种不同的要求。在19世纪,交通的便利,考古学的进展,出版事业的发达,加上摄影技术的发明,都有助于人们认识和掌握以往各个时代和各个地区的建筑遗产。于是出现了希腊、罗马、拜占庭、中世纪、文艺复兴和东方情调的建筑在许多城市中纷然杂陈的局面。

在美国,像其他地方一样,各种风格形成了一个大仓库,设计者可以从中选择一个具体工程合适的样式。这其中唯一牢不可摧的原则是禁止创新,只能对过去的遗产加以模仿。

查理德·莫里斯·亨特是巴黎学院派建筑在美国传播的先锋。他典型的折中主义的观点使他有可能以任何一种风格进行设计,以满足特别工程的需要或特殊业主的口味,图13.7所示的巴黎歌剧院为其典型的代表作品。埃尔西·德·沃尔夫通常被认为是第一

位成功的专业室内装饰师。在开始设计自家住宅室内以前,她的职业是演员,她热衷于在室内空间中,通过运用白漆、明亮的色彩,以及各种手法,将具有典型风格的复兴式房间布置成时尚简洁的样式。如她为斯坦福·怀特设计的纽约侨民俱乐部。她的设计为那些贵客们所称道,于是,他们开始向她求助自己遇到的装饰问题。鲁比·罗斯·伍德起先是名记者,最终,她作为室内装饰师创办了自己的公司。在她自己的专著《诚实的住宅》中,她提倡简洁性"大众化"。其作品因采用英国传统家具成为显著特征,华丽的墙纸与浓重的色彩是她惯用手法。

图 13.7 巴黎歌剧院侧立面

麦克米伦公司成立于 1924 年,由埃莉诺·麦克米伦创立。他倾向于在室内布置法国传统家具,房间中混合各种风格的细部,是一种名副其实的折中样式。

在欧洲,尽管折中主义的实践已尽人皆知,但却没有像美国那样得到普遍关注。可能真正历史性建筑和室内的出现导致了人们对仿制品兴趣的下降。

斯堪的纳维亚的折中主义风格建立在斯堪的纳维亚民间传统基础上,从不做狭隘的模仿,因而从古典形式平稳过渡到了较简洁的形式,并逐渐成为现代设计的重要特征。在芬兰,逐渐形成的国家浪漫主义的发展引向一种独特品质的折中主义。在室内,地毯、挂毯、金属制品,以及家具都是以手工传统为基础进行设计的精美实例。

英国最具创造性的折中主义设计师是埃德温·勒琴斯爵士。在他的设计中,勒琴斯发展了自身国人的才华,向自己的委托人提供他们所要求的舒适条件,属于一种贵族传统的感觉,以及一种真正富有创造性的元素。在大型海轮室内,折中式设计达到了顶峰。室内装饰着折中主义格调的轮船承载着殖民者到达了世界上不发达的地区,在那里,他们迫切渴望以折中风格重建自己的家园。印度、澳大利亚,以及其他殖民地区的西化建筑均表现为罗马古典主义、哥特式和文艺复兴的主题。

13.3 维多利亚风格

维多利亚风格形成于英国女王维多利亚(1837—1901 年)漫长的统治时期。在艺术上影响深远,具体到室内设计而言,色彩绚丽、用色大胆、色彩对比强烈。黑、白、灰等中性色与褐色、金色结合突出了豪华与大气。星级酒店和豪华住宅常采用这种风格。它的造型细腻、空间分隔精巧、层次丰富、装饰美与自然美完美结合。矫饰古典细部配合繁复线板及壁炉,搭配水晶灯饰、蕾丝窗纱、彩花壁纸、精致瓷器和细腻油画。如宾夕法尼亚美术学院,强烈的色彩和图案化的墙面是不多见的,被称为"棕色年代"(图 13.8)。

维多利亚时期新材料和新技术的发展使得物品的种类面目一新,胶合板、铁与黄铜管都能制造出简单而实用的物件,也适用于装饰设计,它们使得装饰变得丰富起来。大部分的维多利亚式(图 13.9)的设计是装饰性的,家具采用曲线的形式,凸出的装饰和复杂雕饰的框架，用机器复制装饰细部。室内的家具(图 13.10)既要舒适，又要显得华丽，垫子与木框匹配，倾向于厚和突出，有些褶皱和束卷，垫子里的弹簧用以支撑柔软而饱满的表面，带有精致而艳丽的编织图案是其外部覆盖材料的标准。这些家具都有大的尺度和过分的装饰，它是展示身份的象征。在维多利亚时期，装饰性的顶棚深受人们喜欢，大型住宅中的顶棚给石膏提供了大量的机会，石膏的玫瑰、圆形大浮雕从新古典的时代一直持续下来，在各种不同复兴风格中被广泛使用。精细的垂花、肋状物和花卉以及结彩如同檐口的图案一样，都充分表现出它们的本质特征。浅浮雕广泛流行，它是一种压缩的轻质带有线脚的墙纸，用在平淡的顶棚上增加质感。在一些朴素的住宅中，一般使用平松木地板，并用地毯覆盖，然后用蜂蜡和松脂对其分色和磨光，用小块不同着色的硬木铺设成几何图案，也是不错的选择。大厅通常采用有装饰的油彩瓷砖，铺设成几何图案。花饰瓷砖提供了一个耐久且易清洗的表面，在过厅及浴室中都很流行，丰富的色彩和肌理使得地面色彩纷呈。

图 13.9　维多利亚女王的皇家车厢

图 13.8　宾夕法尼亚美术学院的楼梯

图 13.10　维多利亚时期的扶手椅

　　18 世纪的维多利亚风格是国际设计史上重要的一笔，对于中世纪哥特风格的推崇和流行，使得设计表现上更多地体现了皇室的艺术需要。维多利亚风格的工艺品、家具、建筑装饰上有着明显可辨特征：① 造型庞大、饱满，装潢不拘一格；② 从各种复古风格中衍生的母题，比如洛可可涡卷纹、哥特风格的尖塔纹、文艺复兴式的绞缠纹等，常常混用；

③ 开始使用多种新的工艺技术制造家具、工艺品、多层胶合板、电镀等；④ 装潢中的走兽、飞禽、花卉果实以写实风格呈现。

13.4 各种建造新思潮的产生

19世纪中叶以后，伴随着工业革命的蓬勃发展，建筑及其室内设计领域进入了一个崭新的时期。此时，折中主义因缺乏全新的设计观念、功能和技术上的创新，而不能满足工业化社会的需要。在这种情况下，设计形成一股强大的反动力，反对保守的折中主义，也反对工业化的不良影响。进而引发建筑及其室内设计领域的变革，因此，空间设计方面产生了探求建筑中新技术与新形势的一种倾向。

13.4.1 工艺美术运动

工艺美术运动始于英格兰，并在19世纪后半叶得到发展，最终在美国发展成工匠运动。它们的影响可以追溯到德国和奥地利的后期风格。

工艺美术运动最为知名和最富影响力的人物是威廉·莫里斯，他结婚时请好友菲利普·韦布设计了位于伦敦近郊贝克斯利希斯的一幢住宅，就是著名的红屋（图13.11）。红色砖墙，红色瓦屋顶，无装饰。平面布局、外部形式，以及窗口和门的安排都严格遵守内部功能需要，洞口上的尖券是真实的砖券，烟囱服务于实际的壁炉，大窗户、小窗户与内部空间相关，草地上的井屋用于一口真实的水井，不规则的平面根据实际功能，而非哥特式奇想。古典主义形式和哥特式画境一起被放弃，换来了功能上的简洁。最终，红屋被视作迈向现代设计观念的第一步。这间屋子里包含许多细部，白色粉刷的墙面（图13.12），一个由莫里斯设计的大型书橱与长椅组合体，漆成白色，手工锻造的铁铰链漆成黑色。左边的楼梯用于爬上阁楼。莫里斯的设计带有简洁、高贵和极富生机的品质。同时，莫里斯的公司对室内设计也很热衷，他们运用工艺美术的相关主题，从事所有房间的统一处理。

建筑作品：红房子
建成于1859年的结婚新房。
韦伯、莫里斯设计

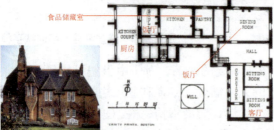

图13.11 莫里斯、韦布设计的红屋　　　　图13.12 红屋室内空间

第13章 19世纪建筑室内空间

工艺美术运动的影响传至美国,得到进一步发展,并由此引发了美国的工匠运动。美国工匠运动的领袖人物是古斯塔夫·斯蒂克利。在世纪之交,那种维多利亚的过分装饰的设计风格开始失去市场,工匠运动显得越来越重要。

亨利·霍布森·理查森是第一位有国际影响的美国建筑师。他的第一个杰作是位于波士顿的圣三一教堂(图 13.13)。采用半圆形拱券和其他罗马风主题,但是以一种完全独创的方式围绕一个巨大的中心交叉点处的塔楼进行布置。外部是粗琢的石工艺,带有精致的细部,室内空间因使用彩色玻璃窗而使明亮的光线受到损失,有些玻璃的质量还不是很好。顶棚的形式在室内占据了主要地位,由木头和粉刷做成的三叶形拱顶带有铁质联系梁,外面包着木材。

图 13.13 波士顿的圣三一教堂室内空间

在加利福尼亚,查尔斯·萨姆纳·格林和亨利·马瑟·格林兄弟的建筑实践是极具个人风格的,他们吸收了手工艺传统,采用木架式和单层别墅的地方语汇。这些房屋的室内设计,例如,位于加利福尼亚州帕萨迪纳的布莱克住宅和甘布尔住宅,与同一时期的加利福尼亚的其他作品迥然不同。精致、复杂的木工细部吸收了东方先例(图 13.14),并结合了手工艺制品的工艺美术品质。通常都有装饰,但非常节制,而彩色玻璃面板,如灯笼状的灯具,悬挂的采光装置,布满手工艺细部的简洁而优雅的家具被陈设(图 13.15)在宽敞的入口大厅或其他开阔的室内空间里。木材的红棕色调是空间的主要颜色,当采用桃花心木、柚木、红木、黑檀木和枫树时,就涂上清漆,表达自然光泽。彩色玻璃和地毯则以红、蓝、绿色为主。

图 13.14 甘布尔住宅室内空间

英国的工艺美术运动和与它平行的美国工匠运动并没有转移到欧洲大陆。当19世纪接近尾声时,设计领域中各种非凡的复杂的发展浮现出来。在欧洲大陆,比利时和法国出现了新艺术运动,提出了适于现代世界的新的设计方法。

图 13.15 甘布尔住宅室内陈设品

13.4.2 新艺术运动

在德国和斯堪的纳维亚国家,"新艺术运动"通常被称为德国青年风格派。在英格兰,新艺术运动最初被简单地看作美学运动的一支。在西班牙、苏格兰和美国,一些受新艺术运动影响的作品同布鲁塞尔和巴黎的新艺术运动作品在表面上似乎并无直接的渊源关系,但本质却又有着一定的相似性。在维也纳出现了维也纳分离派，这可以看作与新艺术运动相并行的流派，实际上也只是新艺术运动发展的分支，如霍尔塔设计的布鲁塞尔都灵路12号住宅。能够被称为新艺术的独特作品，其特征有：拒绝继承维多利亚和历史复古主义或折中主义组合的先例；要求采用现代材料、现代技术和一些新发明，例如电灯；与各种美术类型紧密联系，把绘画、浅浮雕，以及雕刻等艺术形式运用在建筑的室内外设计中；装饰主题来自于自然物，如花、葡萄藤、贝壳、鸟的羽毛、昆虫的翅膀等，并将这些自然物抽象成装饰构件的图像；以曲线形式为主题，体现在基本构件和装饰物中，将普通的曲线和自然形式的流线联系起来，产生的S形曲线上，称为"鞭绳曲线"。这种曲线形式被认为是新艺术运动最显著的基本主题纹样。

（1）比利时。作为比利时的建筑师、设计师维克托·霍尔塔设计了涉及领域广泛的作品。1892年在布鲁塞尔设计的塔塞尔住宅内部（图13.16）有一个复杂而且开敞的楼梯，楼梯上有曲线状的铁栏杆和支撑柱。同时还有带有曲线形式的灯具装在有图案的墙上和有装饰的顶棚上，在地面上还铺有马赛克花砖的图案。

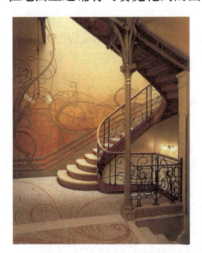 

图13.16　霍尔塔设计的布鲁塞尔都灵路12号住宅室内空间

位于布鲁塞尔的霍尔塔的私宅以及与之相邻的事务所具有不相称的立面造型，在其立面中有扭曲的铁制阳台支撑和高大的玻璃窗，霍尔塔设计了每一处细节，包括家具、灯具、彩色玻璃嵌板、门框和窗框，甚至包括金属器具，以致每一处细部构建都成为新艺术运动的曲线造型以及与自然密切联系的装饰细部的表现。

（2）法国。在法国，以自然（动植物纹样）（图13.17）、东方艺术为设计源泉。新艺术运动的主要中心有两处，一处位于巴黎，另一处位于小城南锡。

在巴黎，最引人注目的设计师是赫克托·吉马尔德。吉马尔德是一位建筑师，但他的工作还包括他设计的建筑物的室内设计、家具设计、小器物设计，除此之外，还包括其他一些装饰物，诸如地砖、门窗上的装饰物，以及壁炉台。吉马尔德在巴黎的住宅（图13.18）是一幢建于1909～1912年的四层建筑，它

图13.17　根据仿生学设计的蝴蝶床

位于街道拐角的一个难以处理的三角形地块上。该建筑的两个沿街立面都用石块砌筑，并有富于装饰性的铁制阳台栏杆，立面上布满了非常不对称的、流线型、曲线状的雕花形式。就像在那个时代的照片中展现的那样，这种类型的室内是由许多形态异常的房间组成，所有的家具和装饰细部都体现了吉马尔德高度个性化的设计风格。

吉马尔德在1900年前后设计了巴黎地铁站入口处的亭子和一些装饰细部（图13.19），不同入口的亭子尺寸和外形是不同的。其中一些设计成玻璃屋顶，大多数都设有固定招牌、灯光装置，并设立了一些平板用来张贴广告、招贴画或制成识别标志牌。吉马尔德通过设计一系列标准化的细部：金属栏板、招牌、标准灯具，以及墙板来处理这项工程。这些构建都可大量预制，并可装配成不同形式以适应不同地铁车站的需要。其中一些较大的入口车站设计得非常独特，但是大多数还是采用这些典型的元素组合起来的。因此，这些设计被赋予了新艺术最有名的戏称——"地铁风格"。"地铁风格"与"比利时线条"颇为相似，所有地铁入口的栏杆、灯柱和护柱全都采用了起伏卷曲的植物纹样。

图13.18　吉马尔德设计的住宅入口处

图13.19　巴黎地铁站的装饰细部

(3) 德国青年风格派。德国青年风格派主要关注绘画和雕刻艺术中的纯抽象概念。如蒙德里安的作品中（图13.20），常将黑色条带布置在白色背景之上的规则网格中，同时，一些区域再用纯的原色填充。虽然作品属于绘画范畴，但蒙德里安的作品在室内设计和建筑领域注定会产生一种巨大的影响。

最著名的青年风格派作品由里特维尔德设计，是位于乌德勒支的施罗德住宅（图13.21），该住宅最完整地体现了该运动的概念。这是一个由墙板、屋顶、阳台等复杂的相互穿插的板构成的直线形体块，实体之间空的部分由金属窗框镶嵌的玻璃填充，主要生活楼层由一个滑板系统分隔。该滑板系统可重新布置以获得不同的开敞度。里特维

图13.20　蒙德里安的作品

尔德设计的嵌入式和可移动家具在概念上也都为几何形和抽象形式。建筑表面大部分呈现出白灰的总色调，其中间有原色和黑色。

(4) 西班牙。在西班牙巴塞罗那的代表人物就是安东尼·高迪，他与众不同之处在于创造了高度个性化的设计词汇，具有流动曲线状及不同寻常的装饰细部（图13.22）。他在1904—1906年间对旧建筑巴洛特公寓的改造中，设计了新颖复杂的类似骨架形式的新立面，和一条奇妙的屋脊线，以及一些出色的公寓室内。在板门上点缀着不规则形状的小镜子，顶棚上镶嵌着弯曲形状的灰泥装饰。附近较大的米拉公寓（图13.23），原来是一处采石场，1905年开始建设为一幢高大的六层公寓楼，围绕着一个开敞的院落建筑，外部带有铁栏阳台的起伏的水泥造型立面，围绕着一个不同寻常的平面布置，每间公寓平面都呈不规则，组合起来像石头马赛克拼图。在屋顶上，屋顶平台覆盖着细碎的彩色的小瓷砖，其组合形式也类似马赛克拼图。烟囱和通风孔被塑造成奇特的雕塑物。高迪发展了这种奇妙的曲线形式，有时其设计类似骨架，有时将家具设计成金属丝制品形状。这些特别的作品需要有高超技术的工匠来定做。

图13.21　施罗德住宅外观　　　图13.22　局部装饰细部　　　图13.23　米拉公寓外观

(5) 英国。在苏格兰，20世纪90年代的一批建筑师和设计师，在地方传统的基础上发展了一种与新艺术截然不同的风格，但却与新艺术同样激进，直指现代主义建筑的方向，他们的领袖人物是麦金托什。不反对机器和工业，改用直线素材和简洁明快的色彩，他的室内设计常用大块白色墙面，家具以黑白两色为主，形成自己的独特风格（图13.24）。

麦金托什是英国格拉斯哥一位建筑师和设计师。他在英国19世纪后期的设计中独树一帜，并对奥地利的设计改革运动维也纳"分离派"产生了重要影响。他和妻子以及妻妹、妹夫形成了一个名为"格拉斯哥四人"的设计小组，从事家具及室内装修设计工作，并参加了1896年在伦敦举办的一次工艺美术协会展览，但他们的第一次公开露面并没有收到很好的效果。

1897—1899年间，麦金托什设计了格拉斯哥艺术学院大楼及其主要房间的全部家具及室内陈设（图13.24），获得了极大成功，从外观上看，这座建筑

图13.24　格拉斯哥艺术学院室内空间

带有新哥特式简练、垂直的线条，而室内设计却反映了新艺术的特点，这座建筑体现了外形由室内功能所决定的理念。麦金托什用实墙与隔屏等多种手法，对室内空间作了巧妙处理，图书馆内部大块的深色木结构与其严肃的几何形式穿插连接，与外立面在风格上形成了高度的统一。这也预示着 20 世纪空间设计上的一种突破。

(6) 奥地利维也纳分离派。1897 年，一群艺术家和设计师从维也纳学院的展览会上退出，表示强烈抗议，原因是学院拒绝接受他们的现代主义设计作品。因此，维也纳分离派成了他们的代名词。

其代表人物是霍夫曼 (1870—1956 年)、奥托·瓦格纳 (1867—1918 年) 和奥尔布里奇 (1867—1908 年)。这个运动的口号是"为时代的艺术，艺术应得自由"维也纳分离派是由早期的维也纳学派发展而来的。在新艺术运动影响下，奥地利形成了以维也纳艺术学院教授瓦格纳为首的维也纳学派。瓦格纳在工业时代的影响下，逐步形成了新的设计观点，指出新结构、新材料必将导致新形式的出现，并反对重演历史式样。霍夫曼等三人都是维也纳学派的重要成员。1897 年，他们创立了分离派，宣称要与过去的传统决裂，如维也纳邮政储蓄银行，如图 13.25 所示。

图 13.25　维也纳邮政储蓄银行

13.4.3　芝加哥学派

1871 年，芝加哥城大火，将市区木结构的简易房舍烧得精光，"但这把火却给建造创造了条件，为 100 多年来欧洲发展起来的新建筑材料和新技术，提供了一显身手的场地。"

来自四面八方的建筑师纷至沓来，为了节省土地，市政府对征用土地规定了苛刻的条件，以迫使建筑师在设计中增高楼层，扩展空间，现代高层建筑开始在芝加哥出现。在采用钢铁等新材料以及高层框架等新技术建造摩天大楼的过程中，芝加哥的建筑师们逐渐形成了趋向简洁独创的风格流派，芝加哥学派由此而生。突出了功能在建筑设计中的主导地位，明确了功能与形式的主从关系，注重内部功能，强调结构的逻辑表现，立面简洁，突破了传统建筑的沉闷之感。芝加哥学派在 19 世纪建筑探索中的作用：首先，突出功能在建筑设计中的主要地位；其次，探讨高层建筑有了一定的成就；第三，建筑技术反映了新技术的特点。

沙利文常被看作现代主义的先驱，他提出"形式随从功能"，是美国最早的现代主义建筑设计师。不反对使用装饰，他的大多数作品也是以自然形式为基础，他的主要贡献在于室内空间设计。在芝加哥大会堂的设计项目 (图 13.26) 中，旅馆和大会堂部分的门厅、楼梯间、公共空间的设计都表现出沙利文是一位善于空间组织装饰的卓越设计

图 13.26　芝加哥大会堂室内空间

师。他设计的观众厅屋顶横跨空间的拱券,上面排布着灯具,四周有轮廓鲜明的镀金植物浮雕装饰,这些装饰细部正是沙利文对新艺术运动有关词汇的应用。这些剧院的视线和音响设计非常理想,同时对于活动的顶棚也有很巧妙的处理,当演出不需要4900个座位时,顶棚可以放低后部以减少容量。沙利文设计的旅馆主餐厅位于屋顶层,是一个华丽的拱券形空间,室内的壁画和顶棚的镶边都运用了沙利文设计的精美装饰细部。

本章小结

19世纪建筑室内空间主要是对欧洲各时期各种设计风格的"复兴",19世纪出现了摄政时期风格、浪漫主义风格、复古主义风格、折中主义风格、维多利亚风格及后期产生的各种建筑设计思潮,如新艺术运动、工艺美术运动、芝加哥学派,而这几种建造设计思潮都是现代派建筑设计的萌芽,同时存在的时间也比较短暂,特别是"芝加哥学派"的昙花一现。同时对建筑中出现的新材料、新技术、新类型进行了分析。

本章的教学目标是使学生掌握这一时期的各种设计风格及能在以后的设计中合理运用。

【实训课题】

(1) 内容及要求。

① 以自然(动植物纹样)、东方艺术为设计源泉,是新艺术运动法国的特点。同学们运用自然界的一草一物来进行家具的仿生设计,设计出一张床或一张椅子。

② 根据图片,说明维多利亚设计风格的特点。

③ 查阅资料分析莫里斯红屋的室内功能划分上的优缺点。

(2) 训练目标:对欧洲19世纪各种设计元素有所掌握。

【思考练习】

(1) 浪漫主义与复古主义风格的区别。

(2) 维多利亚风格在建筑装饰上的特点。

(3) 新艺术运动影响到了哪些国家并都有哪些各自的特点?

第14章

20世纪建筑室内空间
——现代室内设计思想的兴起

知识目标

了解20世纪建筑的发展概况；掌握现代主义的先驱人物、20世纪的设计思潮以及室内设计师的兴起，家具及陈设品的设计。

重难点提示

重点：20世纪的各种设计思潮及其代表人物。

难点：现代主义四位先驱的设计思想及其代表作品。

【引言】 20世纪世界上重大的事件有：资本主义国家之间为争夺劳动力、生产资源和市场发动了第一次世界大战，俄国社会主义革命产生巨大影响，东方随之兴起；空前残酷的第二次世界大战以及美苏霸权和冷战；工业和科技的发展给人类带来的福利以及由此造成的新问题，全面否定传统给人类文化带来的可能性和由此产生的严重危机，各种哲学和美学思潮活跃了人们的思维又带来了极大的混乱。在"革命"的旗号下美术创作空前活跃，同时也丧失了恒定的判断标准，现代主义在西方成为主流。

14.1 现代主义的出现

到20世纪的头10年，越来越清楚地看到：工业化及其所依赖的工业技术为人们的生活带来的变化丝毫也不逊色于自火的发现和语言的发明以来所产生的任何变化。用电话、电灯、乘轮船、火车、汽车和飞机旅行，以及用钢和钢筋混凝土为材料的结构工程，所有这些都为人类的经历带来翻天覆地的变化，常被人们称为"第一次机器时代"。纵观早先的人类历史，手工劳动是主要的生产方式（借助有限的风力、水利和畜力）。在当今世界，很少有手工制作的产品，且工厂生产的产品已变得标准化。人口的增长与城市的贫困都成为新的沉重问题。法西斯主义，以及第一次世界大战造成的灾难均带来技术无法解决的问题。在艺术、建筑及设计领域中有一点变得越来越明显，那就是历史上一直遵循的传统与这个现代世界不再有关系了。

在19世纪，人们努力寻找新的设计方向——工艺美术运动、新艺术运动和维也纳分离派都保持着和过去的联系。工艺美术运动希望回归前工业时代的手工技艺。新艺术运动和维也纳分离派在寻找新的装饰语汇，但却没能认识到涉及现代生活方方面面的变化所具有的强大影响力。折中主义被用来作为旧形式向当今现实情况转化的手段。19世纪装饰主义烦琐的细部（如维多利亚式及其他类似的例子）和肤浅的历史主义者的折中作品均成为人们抨击的焦点。现代主义的领导者们，在某种意义上说，是革命者。尽管他们同政治意义的革命观念并无直接的联系。在设计领域，如同在音乐、文学和艺术领域一样，新思想对社会主流都具有扰乱和震撼的意义。

20世纪初设计领域最重要的发展是适应现代世界的一种设计语汇的出现，这种设计语汇实质同现代世界的先进技术和技术所带来的新的生活方式有关。现代主义是所有新形式的称谓，这些形式出现在所有艺术领域，如绘画、雕塑、建筑、音乐与文学。

14.2 现代主义的先驱

设计领域有四位人物被认为是现代主义的先驱，他们清晰且肯定地指明了新的方向，因而被认为是"现代运动"的发起人。四个人都是建筑师，但他们有的活跃于室内设计领域，对室内装饰物和其他装饰元素表现出具有20世纪现代主义的特征。他们四位分别是欧洲的沃尔特·格罗皮乌斯（1881—1969年）、路德维希·密斯·凡·德·罗（1886—1968年）、勒·柯布西耶（1887—1965年）和美国的弗兰克·劳埃德·赖特（Frank Lloyd Wright, 1867—1959年）。

14.2.1　格罗皮乌斯与包豪斯

沃尔特·格罗皮乌斯于1911年建立了自己的事务所，同时，开始以一种没有装饰的、功能性的风格来设计作品，这种风格直接来自贝伦斯工业建筑的创作实践。格罗皮乌斯在建筑历史上的重要地位和他的作品并无多大关系，而是更多取决于他在设计教育中所起的作用。第一次世界大战之后，格罗皮乌斯被任命为魏玛造型艺术与工艺美术两所学校的校长。他将两所学校合并，取名包豪斯（图14.1）。德语"zu bauen"（字面意思为"建造"），这个词语包含着广泛的意思：有创作之意；而在英语中，它被简单地称为"设计"。包豪斯发展了新的教育纲领，该纲领试图在正在形成中的现代主义造型艺术与设计及工艺领域广阔范围之间建立联系。包括建筑、城市规划、广告和展览设计、舞台设计、摄影与电影，以及用木、金属、陶瓷和纺织品为材料的物品设计——简而言之，包括所有人们所知的工业设计。

图14.1　包豪斯办公室

包豪斯教程最开始是一段引导性的学习阶段，主要研究二维和三维的抽象设计，同时还研究材料的质地和颜色，以便为后来的专业学习打下牢固的基础。格罗皮乌斯招聘了一批特殊的教师群体，其中包括许多著名的现代艺术家，如保罗·克利、瓦西里·康定斯基和莱昂纳·费林格，另外还有许多著名的教师，如约瑟夫·阿伯斯、莫霍利·纳吉和马塞尔·布劳耶。1925年，由于经济和政治方面的原因导致了魏玛包豪斯的关闭，学校迁至工业城市德绍，由格罗皮乌斯设计了新的校舍（图14.2）。包豪斯校舍于1926年竣工，是一组令人印象深刻的建筑群，无论平面布局还是美观的表达都体现了包豪斯的理念。复杂组群中最显著的部分是用作车间的四层体块，在这里学生们能进行真正的实践，至少是他们自己作品的原型。印刷材料、纺织品、家具、陶瓷、灯具、金属制品、舞台布景和服装等均在这些车间中产生。并且只要可能，他们就说服制造商采纳自己的设计。跨越一条公共街道的天桥，内部空间容纳着图书馆和办公室，同时对教室起一条联系纽带的作用。连接的低矮部分容纳着会堂和餐厅；由此可通向一座小型的宿舍楼，那是高年级学生使用的带工作室的卧室，以便他们可以全天生活在校园内。包豪斯校舍引人注目的外观来自车间建筑三层高的玻璃幕墙，其他各翼朴素的不带任何装饰的白墙，墙面上开着条形大窗，另外，还有宿舍外墙上突出的带有管状栏杆的小阳台。建筑的形式取决于平面布局，屋顶是平的，与现代工业实践相吻合。建筑最终的外观体现着功能性——不仅对传统主义者是个巨大的冲击，而且也鼓舞了现代主义的新一代。

图14.2　包豪斯校舍平面图

1932年，当历史学家及评论家亨利·拉塞尔·希契柯克与菲利普·约翰逊一起在纽约现代艺术博物馆组织现代作品展览时，他将包豪斯建筑和其他所有类似的现代作品描述为"国际式"。这一术语反映了一个事实，即早期设计史中强烈的地域性差异特征在现代主义身上表现并不明显。由于相关的作品开始出现于法国、意大利、英国和斯堪的纳维亚等国家，有一点已变得越来越明显，即这种现代主义是真正国际性的。包豪斯的室内非常简洁，并且功能如外观所示。格罗皮乌斯为校长办公室设计了引人注目的室内，是以线性几何形式进行的探索。学生和指导老师设计的家具和灯具随处可见，对白色、灰色的运用以及重点应用原色的格调可使人想起风格派运动的设计风格。

格罗皮乌斯于1928年辞职，继任者为汉纳斯·梅耶，1930年又由密斯·凡·德·罗接任。1933年，学校最终被迫关闭，许多学生和教员作为逃难者逃离德国。当他们接受设计作品或从事教育工作时，这些人成为包豪斯理想的传播者，而包豪斯理想是对国际式现代主义广泛赞同的中心。格罗皮乌斯在英国工作了一段时间，但在1937年，他移居美国，成为哈佛建筑设计研究院的院长。马塞尔·布劳耶，起初是包豪斯的学生，后在那里任教了，再后来成为格罗皮乌斯的助手并最终成为独立的设计师。他以其在包豪斯时代的家具设计最为出名。包括赛斯卡椅（图14.3）和瓦西里椅（图14.4）在内的这些作品被公认为"经典"，一直被制造并广泛使用。

图14.3　赛斯卡椅

图14.4　瓦西里椅

14.2.2　德维希·密斯·凡·德·罗

结束了贝伦斯学徒身份后，1913年，密斯在柏林创办了自己的事务所。第一次世界大战以后，他设计了一栋用作办公建筑的混凝土结构。在这栋建筑中，连续的水平带状窗与混凝土带在同一层交替布置。尽管方案未建造，但通过出版的平面与图纸，这些设计对20世纪50年代和60年代欧美两地的现代主义均产生巨大的影响。

(1) 20世纪20年代至30年代的作品。到1927年，密斯在德国的声望足以使他成为一次现代住宅区设计展览的核心人物，该住宅区位于斯图加特，称为魏森霍夫住宅区。正在崛起的现代运动的许多领袖都被邀请设计样板住宅，用新的风格建造这些住宅表明新的邻里关系。密斯设计了展览会中最大的住宅。这是一座高三层、有屋顶平台的公寓住宅，具有光面白墙和宽阔带状形长窗等国际式的典型特征。20世纪20年代末至30年代初，其他一些展览会也为密斯提供了机会，使他可以阐述自己在室内设计方面的主张。室内简洁朴素的特征清楚地表明了密斯对自己的名言"少就是多"效力的信仰。在这些室内，色彩和各种材料的纹理是唯一的装饰。

由于在1929年巴塞罗那博览会中设计了德国展览馆，密斯赢得了广泛的国际声誉。巴塞罗那馆布置在宽阔的大理石平台上，有两个明净的水池，结构简单，由八根钢柱组成，柱上支撑着一个平板屋顶。建筑没有封闭的墙体，但像隔屏一样的玻璃和大理石墙呈不规则的直线形，它布置成抽象形式，其中一部分墙体延伸到室外（图14.5）。参观者可在开敞的空间中漫步，欣赏建筑富丽的材质、抽象的平板组合以及其中的几件现代雕塑。色彩表现为钢柱上闪烁的镀铬光泽，浓艳的绿色和橙红色的大理石墙体，鲜红色的布面以及明亮的蛋白色玻璃，这一切使展览馆本身成为一件抽象的艺术品。简洁的椅子，用镀铬钢架和皮革垫子构成的无靠背的凳子，以及配套的玻璃面桌子均是为西班牙国王和王后的一次礼仪性参观而准备的。这些家具设计已成为现代的经典，直到现在仍在制造中。巴塞罗那馆似乎是第一座充分发挥钢和混凝土的现代结构能力而建造的建筑，这些结构使墙成为非限定性的元素——它们不起支撑屋顶的作用，所以室内空间可以自由设计，没有分间墙，同时，室内可设计成任意开敞的形式以满足一定特殊功能。巴塞罗那馆的室内对现代室内设计产生了巨大影响，强调了空间元素的抽象布局，材料的色彩和纹理取代了装饰物。同样的理念被引入密斯·凡·德·罗在捷克的布尔诺设计的吐根哈特住宅中（图14.6、图14.7），此外，密斯·凡·德·罗的家具设计，如巴塞罗那椅（图14.8）及其他的一些作品，都入选现代"经典"设计之列，至今仍被生产制造着。

图 14.5　巴塞罗那，国际博览会德国馆

图 14.6　吐根哈特住宅

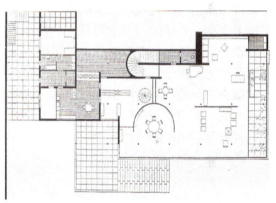

图 14.7　吐根哈特住宅平面

（2）移民美国。作为包豪斯的教师和负责人，密斯在纳粹德国几乎找不到工程可做。他发展了几种类型的住宅方案，不过都未建造——从他著名的草图中可知，方案显示的室内的简洁和开敞与巴塞罗那馆如出一辙。这些草图是艺术品，数量极少，就像他们描绘的空间一样。1937年，密斯移居美国，成为芝加哥伊利诺伊理工学院建筑系主任。作为教师，密斯的作用还在另一方面，即将国际式的现代主义理念转向美国设计实践的主流。在美国，他的作品包括为伊利诺伊理工学院所做的校园规划和多栋建筑设计，其中就有克朗楼，供建筑和设计系使用。该建筑为简洁的矩形，室内空间开敞，四面全是玻璃幕墙。由于屋顶由钢梁支撑，因而室内不设柱，钢梁突出屋面。室内分隔物为可移动的隔屏和储物柜，然而楼梯通向地下室，部分在地面之上，此处完全是封闭的房间。从外观看，结构元素被漆成黑色，因此，在玻璃墙体中不引人注意。所谓的"极少主义者"常

图 14.8　巴塞罗那椅

图 14.9　范斯沃斯住宅

用此类设计方法，在这些建筑中，对结构简单的细部表现出特别的关注，同时，比例的微妙使建筑具有一种宁静、古典的韵味，如同古希腊建筑那样。

(3) 晚期委托项目。密斯在美国职业生涯后期，他的委托任务包括建在底特律、纽瓦克、新泽西和芝加哥的高层公寓，同时，还有在多伦多以及纽约的办公楼。纽约的西格拉姆大厦(1945—1958年)是现代主义最仰慕的美国高层建筑之一。密斯最著名的晚期住宅设计是位于伊利诺伊州普兰诺镇的范斯沃斯住宅(Farnsworth house，1946—1951年，图 14.9)。该住宅建在开阔的郊外，与外界隔绝，近邻福克斯河。室内地面高出地坪几英尺，是地板之下形成的开阔的空间。同样，这幢住宅也有 8 根钢柱支撑着屋面，柱子的尺寸和形状完全相同。屋顶与地面之间约 2/3 的空间都被 4 种环绕的玻璃围合，通过 5 级宽敞的踏步可到达，踏步起自一处宽敞的平台，这一平台也与下面的宽踏步相连。柱子和地面、屋面、平台的钢镶边都漆成白色。这座开敞的玻璃盒子的内部空间仅被一封闭的"岛"形空间分隔，这个岛内是浴室和其他一些设备，与此同时，这个岛还形成一面靠背墙，以作为开放性厨房进行设备布置。此外，开敞的起居空间中还布置着几件家具(均由密斯设计)。

14.2.3　勒·柯布西耶

(1) 新建筑的斗士。作为现代主义先驱者的勒·柯布西耶(Le Corbusier)，在他的家乡及附近地区，即瑞士的拉绍德丰城，靠近法国边境一带曾设计了几幢住宅。住宅风格具有浪漫的特质，暗含着新艺术运动和分离派影响。1910 年，柯布西耶在彼得·贝伦斯的事务所中工作了 5 个月之后，在维也纳作短暂停留，为霍夫曼工作。这些经历的影响可追溯至他早期设计的最大一座住宅，即位于瑞士的拉绍德封的施沃布住宅(Schwob House，1916—1917 年，图 14.10)。建筑具有新古典主义对称、规整的感觉，但材料(钢筋混凝土)，开敞的布局，大窗以及平屋顶均暗示着现代主义的倾向。施沃布住宅的美学设计来自一套几何控制系统，勒·柯布西耶称之为"规则线"——具有直线关系的交叉斜线按一套系统的方法控制着元素的布局，这套方法可使人想起文艺复兴时期大师们的实践。纵观他的职业生涯，勒·柯布西耶总在运用这样的几何系统，并将其发展得越来越完善。即使在他最微小的作品中也可以感觉到的冲击力和美学力量可能来自这种有组织的方式，这种方式将次序引入建

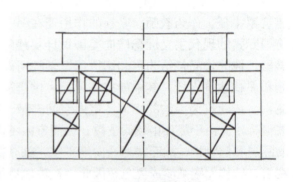

图 14.10　施沃布住宅

第14章 20世纪建筑室内空间

筑中，若不如此，建筑将陷入完全混乱的形式中。

柯布西耶设计了许多没能实施的大工程。他的作品常因无关痛痒的琐碎原因而遭到拒绝，当他参加日内瓦国际联盟总部的招标竞赛时，仅是因为图纸用了不同类型的墨水而被取消资格。许多墨线图，无论是随手勾勒的草图还是正式的结构透视图都表明了柯布西耶对住宅、办公楼、公寓、整个街区以及城市的设计理念。反对者以及愤恨的业主和权威对柯布西耶作品的屡次刁难，随岁月的流逝，在一定程度上，又使他变得好斗、易怒，这样，又进一步地限制了他获取建造工程的成功几率。

尽管经常遭受责难和攻击，但柯布西耶的作品确实对现代设计实际产生了巨大的影响。他作品的成功在于在美学价值和现代技术的"机器时代"世界的现实之间建立了联系，这种成功在20世纪20年代变得日趋明显。就在责难越来越集中在柯布西耶作品立体形式以及设想的"粗糙"和"冰冷"的材料和形式时，他走向比较自由、雕塑般形式以及更高质感材料的运动倾向则削弱了这种攻击。随着柯布西耶的设计方向在许多方面看起来越来越趋向赖特那样有机和浪漫。两者作品原有的"有机"以及与自然相关的特征与"机械性"的特征之间的人为对抗最终消失了。在晚期的作品中，赖特常用国际式风格的建筑形式，而不管将面临怎样的责难。最近的"晚期现代"作品常以柯布西耶作品作为灵感的源泉。他设计的家具仍在被生产制造并得到广泛应用。实地参观可以弄清这些建筑的优缺点，并且可以澄清这样一件事情，那就是：无论照片怎样动人，但却从来没能表达柯布西耶作品的复杂性与丰富性。

(2) 萨伏伊别墅。勒·柯布西耶最著名也最有影响力的作品之一，是靠近巴黎、位于法国普瓦西的住宅，即众所周知的萨伏伊别墅(1929—1931年，图14.11)。住宅的主体部分接近方形，抬高到第二层楼板处支撑在底层纤细的管状钢柱上。建筑的墙是白色的，开着连续的带形窗。地面层的空间布置着一条曲线车通道向车库，一处门厅区，以及几间服务用房。墙体从上层楼处后退，并以玻璃建造或是漆上暗绿色，这样可以减弱墙体的视觉冲击力。一条道直通建筑主要生活楼层，坡道双折直抵空间中央。一间宽敞的起居室就餐空间占据了建筑一层的一侧，上下贯通的玻璃面对着一座室内天井，可接纳天光；室外带行长窗没安装玻璃的部分，为观赏周围的风景提供了视点。坡道延长至室外，通向屋顶生活平台，平台由或直或曲的隔墙围护，墙体上被漆上柔和的颜色。服务空间有自己的曲线楼梯，卧室、浴室均被布置在像方盒子一样的住宅体块中，创造了复杂、惊人并富有戏剧性的关系。老的照片没能告诉我们室内空间是如何的色彩缤纷。尽管如此，我们却能从照片中看到主起居空间所具有的舒适迷人的程度，照片显示当时的房间是一套朴素的桌椅，几张设计独特的无法形容的带垫椅子，以及几块具有东方情调的小地毯装饰空间。悬垂在顶棚上的一道连续的节间光源是空间中主要的人工光源。墙壁漆成明亮的蓝色或橙色；地面斜向铺砌着黄色方形地砖。主人浴室不经墙或门直接向毗邻的卧室开敞，其室内相当精彩——瓷砖表面，一道蓝灰色的瓷砖镶边勾勒

图14.11 萨伏伊别墅

出凹入以及一个嵌入式马车轮廓装饰图案。

1928年和1929年之间，在夏洛特·佩里安(1903—1999年)的合作下，柯布西耶发展了许多家具设计，包括有一种扶手椅，具体做法是将蓬松的垫子放在由镀铬的钢材构成的箱形框架上(图14.12、图14.13)这款家具曾用于位于阿夫莱的一幢住宅中，并于1929年在巴黎秋季沙龙的一套示范公寓中向公众展示过。模数化的箱形储藏单元出现在建筑中，这种储藏单元既可作为房间的隔断又可用来储物，并和玻璃面的桌子，示范的厨卫设施相配，一起反映出住宅是"居住的机器"这一概念。这些家具一直在生产使用着。

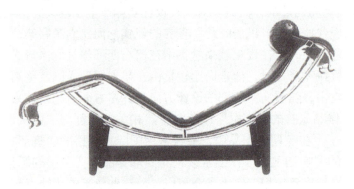 

图 14.12　柯布西耶合作设计的躺椅　　　　　图 14.13　柯布西耶合作设计的椅子

14.2.4　弗兰克·劳埃德·赖特

赖特是一位多产的建筑师——共有400多座建成的作品和许多其他未建的方案。他漫长的创作生涯可分为两个阶段，每一阶段对阐明他在设计史中举足轻重的地位都具有重要的意义。第一个阶段或"早期赖特"阶段自他建筑生涯开始到1920年，这一阶段稳固奠定了他作为主要现代建筑师的地位；第二阶段即"晚期赖特"时期，始于1930年。赖特曾于1886年在威斯康星大学接受了短暂的工程训练，这段时间他在芝加哥艾德勒和沙利文事务所工作(1887—1893年)，与沙利文建立起密切的关系，并且找到了自己职业生涯的方向。沙利文致力于实现他的"形式追随功能"的概念，并努力形成一种非历史性的、独创的装饰风，同时"有机性"也成为赖特早期作品的灵魂。尽管赖特非常仰慕沙利文，自己又是沙利文事务所的重要成员。他是1892年沙利文事务所在芝加哥所做的查理住宅的主要设计者，但他并不满足于充当别人助手的角色，因此，赖特于1893年辞职，在伊利诺伊州芝加哥郊外的橡树园建立了自己的事务所。橡树园和森林河周边的地区同处于一片开阔的乡村。对于那些白天去芝加哥上班的商人而言，该地区是将住宅建在风景如画环境中最好的选择。赖特在橡树园为自己建造了一所住宅(1889年)，带有一间相邻的工作室，同时，开始接受本地及邻近地区的住宅设计委托。

赖特最早设计的住宅有一定的尝试性，常具有维多利亚式、工艺美术运动式和安妮女王美学等风格的痕迹，而且只有当委托人要求时，他也会采用折中元素(在少数作品中采用了半木结构)。1893年，赖特在森林河畔设计的温斯洛住宅(Winslow House)可说是其向创作性设计迈进的重要一步(图14.14)。建筑临街立面对称布置，带有古典的高贵品质，类似于维多利亚式住宅那样强调垂直构图，该建筑强调水平线条。低矮的四坡屋顶带有深远的屋檐。精细的装饰带围绕布置在入口周围,此外,上层窗户被布置在连续的赤陶装饰的檐壁处。建筑平面极为复杂,由各种空间组合而成,各种房间环绕一个中央烟囱布置。门厅处有一连拱廊凹室,门厅内壁炉两侧有座位。中央烟囱另一侧是餐厅,从建筑后部以半圆形温室形式向外延展出去。建筑中的一些细部,包括镶嵌在一些窗户上的彩色玻璃都可使人想起沙利文的设计语汇,但这些细部却转向一种更几何化的途径,赖特将这种途径作为自己职业生涯前进的方向而逐渐加以发展了。

图 14.14　温斯洛住宅

位于芝加哥南部为弗雷德里克·罗比设计的大型住宅(Robie House,1906 年)是赖特设计的所有住宅中最为成功的一个。低矮围墙环绕的花园、平台,和四坡屋顶围绕着起居空间互相贯穿的布置。主起居室和餐厅(图 14.15)是一个连续的空间,它们的窗户沿房前主街形成一条连续的带形窗。壁炉和烟囱背靠一部敞开的楼梯,不用墙或门就把室内划分成两个空间。窗户上的彩色玻璃、顶棚上交叉形的木条及嵌入式的木制构件和灯具使室内具有一种统一和谐的特征。最初,家具、地毯和纺织品都是由赖

图 14.15　罗比住宅

特设计的,高背餐椅试图使那些围桌而坐的人产生一种围合的感觉。餐桌本身非常低矮。以角部的立柱支撑,立柱突出桌面形成灯具。

1910 年至 1930 年之间,赖特在美国的职业生涯陷入低谷并进入一段停滞期。他的个人生活发生了一系列不愉快的变化,加之公众口味的转变,即人们不再对具有惊人创造性的作品感兴趣,这一切使赖特几乎没什么工作可做。在这种情况下,他接受了一个日本商人集团的邀请设计东京一座大饭店,这样,他在日本耗费多年时间设计并指导建造了帝国饭店(1916—1922 年,现已被拆除)。这座带有巨大空间且装饰精美的宏大建筑于 1923 年经历了大地震的考验而幸存下来。这一事件使赖特成为耀眼的明星而引起公众的注意,因此,回到美国后,赖特迎来了自己职业生涯的第二春。

14.3　室内装饰师的兴起

(1) 德·沃尔夫。埃尔西·德·沃尔夫(1865—1950 年)通常被认为是第一位成功的室内装饰师。在开始设计自家住宅室内以前,她的职业是演员,同时她又是社会公众人物,她在自己的住宅中,通过运用白漆,明亮的色彩以及印花棉布,她将典型的维多利亚式房间布置成时尚的简洁样式。她的设计为那些贵客们所称道,于是他们开始向她求助自己遇到的装饰问题。斯坦福·怀特就是一例,他曾经求她帮忙设计一些住宅的室内,以及纽约

图 14.16　纽约侨民俱乐部

侨民俱乐部(1905—1907 年，图 14.16)的室内设计。德·沃尔夫还做公开演说，于 1913 年出版了《高品位住宅》一书。历史主义并非是德·沃尔夫设计中所关注的问题，不过，她的委托人的个性以及折中式建筑师设计的住宅特点都使她不得不对历史式样式进行模仿。亨利·克莱·弗利克(Henry Clay Frick)，一位钢铁大亨，1913 年聘请德·沃尔夫设计他位于第五大道府邸中的第二层居所(该府邸由卡雷尔和黑斯廷斯设计，现在是弗里克收藏品博物馆)，在这一工程中，她主要采用了法国古代家具，并将它们布置于恰当的位置上。

(2) 室内设计师。室内设计的进行经常不与建筑发生强烈的制约关系。尤其是那些住宅室内设计的活动。一些设计师的作品被认为是如此激动人心以至于能增强客户的身份地位。在美国工作的一些"明星"设计师中，尤以马里奥·博塔(Mario Buatta，生于 1935 年)、马克·汗普顿(Mark hampton，1940—1998 年)和安吉洛·唐吉(Angelo Donghia，1935—1985 年)因采用古老家具和多彩布料来产生使人回想起 20 世纪 20 年代到 30 年代折中主义装饰的空间而形成的丰富室内最为著名。约翰·萨拉迪诺(John Saladino，生于 1939 年)的作品是将历史的参照物放在比较明显的当代环境中。

萨拉·托莫林·李(1911—2001 年)发展了一种设计手法，专门用在旅馆设计中，许多人称之为"浪漫式"，由于它应用了某一时代的家具和织物，例如纽约的帕克·梅里迪安旅馆就是一例；也就是用过去时代传统的室内设计手法。纽约的赫尔姆斯利宫饭店的部分室内设计是在原大维拉德住宅基础上进行的，原住宅为 1884 年由麦金、米德和怀特事务所设计。1980 年保留作为旅馆使用，给 S·T·李事务所以折中豪华的背景，使她的室内装饰风格富丽精致显得十分成熟(图 14.17)。

图 14.17　赫尔姆斯利宫饭店

14.4　20世纪的设计思潮

14.4.1　未来主义设计

未来主义者认为，20 世纪的工业、科学、交通的发展突飞猛进，使人类世界的精神面貌发生了根本性的变化，机器和技术、速度和竞争已成为时代的主要特征。因此，他们宣称追求未来，主张和过去截然分开，否定以往的一切文化成果和文学传统，鼓吹在主题、风格等方面采取新形式，以符合机器和技术、速度和竞争的时代精神。未来主义者强调自我，非理性、杂乱无章和混乱是其设计风格的基本特征。

国际主义的一个案例有助于这一观点。路易斯·I·康是一位国际知名且受人尊敬的人物。他的作品中都有独特的室内空间，但有时也很难被归类于某种特定的风格方向。康1947年开始在耶鲁大学任教，在设计行业内，他作为一名突出的理论哲学家，比起他实现的作品更为出名。他的第一个重要建筑是耶鲁大学美术馆（图14.18），美术馆楼面都是开敞的空间，顶棚做得很特殊，它是用混凝土结构板做成的三角形格子状，四层楼由一个封闭体内的电梯和楼梯进行连接。从中可以看到康深深地关注着材料的表现和光的展示形式以及创造室内空间自然状态的方法。

图 14.18　耶鲁大学美术馆

14.4.2　高技派

高技派设计师声称，所有现代工程50%以上的费用都应是由供电、电话、管道和空气质量服务系统产生的，若加上基本结构和机械运输（电梯、自动扶梯和活动人行道），技术可以被看作所有建筑和室内的支配部分，使这些系统在视觉上明显和最大限度扩大它们影响的决策，导致了高技派设计的特殊质量。

最著名和最容易接近的高技派工程是巴黎的蓬皮杜中心（图14.19），它由意大利人伦佐·皮亚诺和英国人理查德·罗杰斯的班子合作设计。这座巨大的多层建筑在外部暴露并展示其结构、机械系统和垂直交通（自动梯），西边暗示了正在施工的建筑脚手架，而东边暗示了炼油厂或化工厂的管道。内部空间同样坦率地显示了头顶的设备管道、照明设备和通风管道系统，而这些设备管道过去都是习惯于隐藏在结构中的。

图 14.19　蓬皮杜艺术中心

14.4.3　后现代主义

后现代主义是20世纪50年代以来欧美各国（主要是美国）继现代主义之后前卫美术思潮的总称，其概念最早出现在建筑领域。后现代主义在当前实际上是现代主义连续发展的一个特别相近的方向。

罗伯特·文丘里在《建筑的复杂性和矛盾性》一书中发展了后现代主义的理论基础。书中指出现代主义运动所热衷的简单与逻辑是后现代运动的基石，也是一种限制，它将导致最后的乏味和令人厌倦。文丘里1964年为母亲范娜·文丘里在费城郊区的栗子山设计的住宅是第一个具有后现代主义特征构想的重要证明(图 14.20)，其基本的对称布局被突然的不对称所改变；室内空间有着出人意料的各种夹角形，打乱了常规方形的转角形式；家具是传统的和难以形容的，而非意料之中的现代派经典。随着他职业的进展，文丘里开始接受重大建筑工程的任务，在其中，他的室内设计普遍显示出后现代主义古怪和矛盾的特征。宾夕法尼亚大学的一个教工餐厅，有着带装饰孔的幕墙，在室内挑台上有缩短了的拱券形的洞，以及一盏有装饰的灯具俯瞰着平静的餐室和传统设计的椅子。

图 14.20　费城，文丘里住宅

后现代主义决心避免逻辑和秩序，可能是反映现代世界中的逻辑似乎已在 20 世纪 80 年代和 20 世纪 90 年代消失在富裕的无节制之中，怪癖和乏味已成为设计的工具，过分装饰和平庸被视为合法的工作交流手段。

14.4.4　解构主义

解构主义即把完整的现代主义、结构主义建筑整体破碎处理，然后重新组合，形成破碎的空间和形态。它重视结构的基本部件，认为基本部件本身就具有表现的特征，完整性不在于建筑本身总体风格的统一，而在于部件的充分表达。在解构主义的空间作品中，典型的是断裂、松散、撕开后混乱地重新组合起来的形象。

埃森曼根据复杂的解构主义几何学发展了他的设计作品。他设计的一系列住宅，使用了格子形布局法，有些格子是重叠的，室内外都保持白色。康涅狄格州莱克威尔的米勒住宅(图 14.21)，有两个互成 45°角的冲突交叉和叠合的立方体形成，结果，室内空间成为全白色的直线形雕塑的抽象形体，外加一些简单的家具可适应居民的生活需要。

瑞士建筑家屈米 1982 年设计的巴黎拉维莱特公园是解构主义风格的代表作之一 (图 14.22)。点、线、面三套独立体系并列、交叉、重叠是设计的主要构想。最引人注目的是"点"。屈米将一系列红色建筑间距 120m 排成规则的矩形阵列，不考虑功能。

图 14.21　米勒住宅室内

图 14.22　拉维莱特公园展览馆

14.5　20世纪室内家具及陈设品的设计

14.5.1　室内家具

第二次世界大战后投入使用的现代家具(图14.23、图14.24、图14.25、图14.26)包括很多20世纪20年代和30年代的"经典"设计,如阿尔托、布劳耶、勒·柯布西耶和密斯·凡·德·罗的设计作品。查尔斯·埃姆斯,以及乔治·纳尔逊事务所、沃伦·普拉特纳事务所和很多其他美国设计师都加入到经典设计中,并从意大利和斯堪的纳维亚国家引进比较新的家具设计,为室内设计师提供了杰出设计质量的各种家具的可能性。查尔斯·埃姆斯提供了稳定不断的卓越家具设计,这些设计常常是他和夫人雷伊一起进行室内设计时的副产品。这样的家具设计一般只为建筑师和设计师所熟悉,多数中产阶级家庭只能使用"殖民地式"或"法国地方式"的假冒品。例外的是保罗·麦克布(1917—1969年)的设计,简洁的木柜显出美国殖民地颇有先例的基调而非任何模仿。麦克布的廉价家具在商场有售,詹斯·里索姆(生于1916年)的设计以及爱德华·沃姆利比较昂贵的设计,至少能在一些美国家庭中找到。哈里·贝尔托亚(1915—1978年)曾作为雕塑师在克兰布鲁克艺术学院工作,并同查尔斯·埃姆斯共事过一段时间,后来被指定为科诺公司设计家具。他于1952年设计的线框椅(图14.27)经久不衰,在现代风格室内家具领域十分流行。

图14.23　佛罗伦萨·诺尔设计的家具

图14.24　埃罗·沙里宁设计的椅子

图14.25　佛罗伦萨·诺尔设计的椅子

图14.26　储物柜

14.5.2 纺织品设计

对现代派审美观的广泛接受推动了主要的纺织品制造公司去生产大范围的简单、纯粹的彩色图案，加上条纹、格子和其他适合用于室内装饰盒帘幕的几何设计 (图 14.28)。在传统室内装饰中采用的花卉和其他装饰画和编织物也在继续生产。在美国设计师中，多萝西·多布斯 (1899—1972 年) 以厚绒布中鲜艳色彩和超尺度的纹理而闻名。鲍里斯·克罗尔 (生于 1913 年) 建立了一个在设计和结构方面提供质量多样化纺织品的公司。提供纺织品专线 (图 14.29) 设计是采用著名设计师独特的个人风格。亚历山大·吉拉德为赫尔曼·米勒设计的作品，是以墨西哥和南美民间艺术的色彩和图案为基础的。诺尔公司雇用了一连串能干的设计师，包括设计特雷西直线图案的伊扎特·哈拉斯基，多数纺织品和地毯都是由生产公司雇用的设计师生产的无名图案，但一些家具设计公司转而设计抽象几何图案。包豪斯元老安妮·艾伯斯 (1899—1994 年) 也为诺尔公司提供了一些最初的抽象图形的纺织品。

图 14.27　线框椅

图 14.28　纺织品纹样

图 14.29　洛克菲勒中心，彩虹屋门厅地毯

本章小结

本章对 20 世纪现代主义出现的背景作了较详细的介绍，对现代主义的代表人物及其代表作品以及 20 世纪的设计潮流作了详细的阐述；总结了 20 世纪家具以及陈设品的特征。

本章的教学目标是使学生掌握 20 世纪的设计思想以及主要的设计思潮，以及现代主义的先驱人物。

【实训课题】

(1) 内容及要求。

① 选取一个现代主义具有代表性的建筑，收集图片及相关资料，分析研究它的建筑

及室内装饰特点，完成一份调研报告。

② 选取 20 世纪某一设计风格家具的要素特点，设计并绘制家具三视图并以 1∶50 的比例制作家具模型。

(2) 训练目标：掌握 20 世纪室内设计元素及家具特点。

【思考练习】

(1) 现代主义的先驱人物是哪四位？

(2) 举例现代主义四位先驱的代表作品及其意义。

(3) 最早公认的室内设计师是谁？

参 考 文 献

[1] 詹和平. 空间 [M]. 南京：东南大学出版社，2006.
[2] 霍维国，霍光. 中国室内设计史 [M]. 北京：中国建筑工业出版社，2003.
[3] 潘谷西. 中国建筑史 [M]. 5版. 北京：中国建筑工业出版社，2004.
[4] 陈易. 室内设计原理 [M]. 北京：中国建筑工业出版社，2007.
[5] [美]约翰·派尔. 世界室内设计史 [M]. 北京：中国建筑工业出版社，2007.
[6] 郭承波. 中外室内设计简史 [M]. 北京：机械工业出版社，2007.
[7] 卜德清，唐子颖. 中国古代建筑与近现代建筑 [M]. 天津：天津大学出版社，2001.
[8] 邹寅，李引. 室内设计基本原理 [M]. 北京：中国水利水电出版社，2005.
[9] 傅熹年. 中国古代建筑史——西晋至隋唐五代建筑 [M]. 北京：中国建筑工业出版社，2001.
[10] 罗宏曾. 魏晋南北朝文化史 [M]. 成都：四川人民出版社，1989.
[11] 田家清. 清代家具 M]. 北京：生活·读书·新知三联书店，2003.
[12] 袁新华. 中外建筑史 [M]. 北京：北京大学出版社，2009.
[13] 汝信. 西方建筑艺术史 [M]. 银川：宁夏人民出版社，2002.
[14] 陈志华. 外国建筑史 [M]. 3版. 北京：中国建筑工业出版社，2004.
[15] 李晓莹. 室内设计艺术史 [M]. 北京：北京理工大学出版社，2009.
[16] 中央美术学院美术史系. 外国美术简史 [M]. 北京：高等教育出版社，1990.
[17] 李龙生. 中外设计史 [M]. 合肥：安徽美术出版社，2005.
[18] 陈平. 外国建筑史 [M]. 南京：东南大学出版社，2006.
[19] 陈文婕. 世界建筑艺术史 [M]. 长沙：湖南美术出版社，2005.
[20] 陈志华. 外国古建筑二十讲 [M]. 北京：生活·读书·新知三联书店，2002.
[21] 陈文斌. 品读世界建筑史 [M]. 北京：北京工业大学出版社，2007.
[22] 詹和平. 后现代主义设计 [M]. 南京：江苏美术出版社，2001.
[23] 王受之. 世界现代建筑史 [M]. 北京：中国建筑工业出版社，1999.
[24] 吴焕加. 20世纪西方建筑名作 [M]. 郑州：河南科学技术出版社，1996.

北京大学出版社高职高专土建系列教材书目

序号	书 名	书 号	编著者	定价	出版时间	配套情况
	"互联网+"创新规划教材					
1	建筑工程概论	978-7-301-25934-4	申淑荣等	40.00	2015.8	PPT/二维码
2	建筑构造(第二版)	978-7-301-26480-5	肖 芳	42.00	2016.1	APP/PPT/二维码
3	建筑三维平法结构图集(第二版)	978-7-301-29049-1	傅华夏	68.00	2018.1	APP
4	建筑三维平法结构识图教程(第二版)	978-7-301-29121-4	傅华夏	68.00	2018.1	APP/PPT
5	建筑构造与识图	978-7-301-27838-3	孙 伟	40.00	2017.1	APP/二维码
6	建筑识图与构造	978-7-301-28876-4	林秋怡等	46.00	2017.11	PPT/二维码
7	建筑结构基础与识图	978-7-301-27215-2	周 晖	58.00	2016.9	APP/二维码
8	建筑工程制图与识图(第2版)	978-7-301-24408-1	白丽红等	34.00	2016.8	APP/二维码
9	建筑制图习题集(第二版)	978-7-301-30425-9	白丽红等	28.00	2019.5	APP/答案
10	建筑制图(第三版)	978-7-301-28411-7	高丽荣	38.00	2017.7	APP/PPT/二维码
11	建筑制图习题集(第三版)	978-7-301-27897-0	高丽荣	35.00	2017.7	APP
12	AutoCAD建筑制图教程(第三版)	978-7-301-29036-1	郭 慧	49.00	2018.4	PPT/素材/二维码
13	建筑装饰构造(第二版)	978-7-301-26572-7	赵志文等	39.50	2016.1	PPT/二维码
14	建筑工程施工技术(第三版)	978-7-301-27675-4	钟汉华等	66.00	2016.11	APP/二维码
15	建筑施工技术(第三版)	978-7-301-28575-6	陈雄辉	54.00	2018.1	PPT/二维码
16	建筑施工技术	978-7-301-28756-9	陆艳侠	58.00	2018.1	PPT/二维码
17	建筑施工技术	978-7-301-29854-1	徐 淳	59.50	2018.9	APP/PPT/二维码
18	高层建筑施工	978-7-301-28232-8	吴俊臣	65.00	2017.4	PPT/答案
19	建筑力学(第三版)	978-7-301-28600-5	刘明晖	55.00	2017.8	PPT/二维码
20	建筑力学与结构(少学时版)(第二版)	978-7-301-29022-4	吴承霞等	46.00	2017.12	PPT/答案
21	建筑力学与结构(第三版)	978-7-301-29209-9	吴承霞等	59.50	2018.5	APP/PPT/二维码
22	工程地质与土力学(第三版)	978-7-301-30230-9	杨仲元	50.00	2019.3	PPT/二维码
23	建筑施工机械(第二版)	978-7-301-28247-2	吴志强等	35.00	2017.5	PPT/答案
24	建筑设备基础知识与识图(第二版)	978-7-301-24586-6	靳慧征等	47.00	2016.8	二维码
25	建筑供配电与照明工程	978-7-301-29227-3	羊 梅	38.00	2018.2	PPT/答案/二维码
26	建筑工程测量(第二版)	978-7-301-28296-0	石 东等	51.00	2017.5	PPT/二维码
27	建筑工程测量(第三版)	978-7-301-29113-9	张敬伟等	49.00	2018.1	PPT/答案/二维码
28	建筑工程测量实验与实训指导(第三版)	978-7-301-29112-2	张敬伟等	29.00	2018.1	答案/二维码
29	建筑工程资料管理(第二版)	978-7-301-29210-5	孙 刚等	47.00	2018.3	PPT/二维码
30	建筑工程质量与安全管理(第二版)	978-7-301-27219-0	郑 伟	55.00	2016.8	PPT/二维码
31	建筑工程质量事故分析(第三版)	978-7-301-29305-8	郑文新等	39.00	2018.8	PPT/二维码
32	建设工程监理概论(第三版)	978-7-301-28832-0	徐锡权等	44.00	2018.2	PPT/答案/二维码
33	工程建设监理案例分析教程(第二版)	978-7-301-27864-2	刘志麟等	50.00	2017.1	PPT/二维码
34	工程项目招投标与合同管理(第三版)	978-7-301-28439-1	周艳冬	44.00	2017.7	PPT/二维码
35	建设工程招投标与合同管理(第四版)	978-7-301-29827-5	宋春岩	42.00	2018.9	PPT/答案/试题/教案
36	工程项目招投标与合同管理(第三版)	978-7-301-29692-9	李洪军等	47.00	2018.8	PPT/二维码
37	建设工程项目管理(第三版)	978-7-301-30314-6	王 辉	40.00	2018.8	PPT/二维码
38	建设工程法规(第三版)	978-7-301-29221-1	皇甫婧琪	44.00	2018.4	PPT/二维码
39	建筑工程经济(第三版)	978-7-301-28723-1	张宁宁等	36.00	2017.9	PPT/答案/二维码
40	建筑施工企业会计(第三版)	978-7-301-30273-6	辛艳红	44.00	2019.3	PPT/二维码
41	建筑工程施工组织设计(第二版)	978-7-301-29103-0	鄢维峰等	37.00	2018.1	PPT/答案/二维码
42	建筑工程施工组织实训(第二版)	978-7-301-30176-0	鄢维峰等	41.00	2019.1	PPT/二维码
43	建筑施工组织设计	978-7-301-30236-1	徐运明等	43.00	2019.1	PPT/二维码
44	建筑工程计量与计价——透过案例学造价(第二版)	978-7-301-23852-3	张 强	59.00	2017.1	PPT/二维码
45	建筑工程计量与计价	978-7-301-27866-6	吴育萍等	49.00	2017.1	PPT/二维码
46	建筑工程计量与计价(第三版)	978-7-301-25344-1	肖明和等	65.00	2017.1	APP/二维码
47	安装工程计量与计价(第四版)	978-7-301-16737-3	冯 钢	59.00	2018.1	PPT/答案/二维码
48	建筑工程材料	978-7-301-28982-2	向积波等	42.00	2018.1	PPT/二维码
49	建筑材料与检测(第二版)	978-7-301-25347-2	梅 杨	35.00	2015.2	PPT/答案/二维码
50	建筑材料与检测	978-7-301-28809-2	陈玉萍	44.00	2017.11	PPT/二维码
51	建筑材料与检测实验指导(第二版)	978-7-301-30269-9	王美芬等	24.00	2019.3	二维码
52	市政工程概论	978-7-301-28260-1	郭 福等	46.00	2017.5	PPT/二维码
53	市政工程计量与计价(第三版)	978-7-301-27983-0	郭良娟等	59.00	2017.2	PPT/二维码

序号	书 名	书 号	编著者	定价	出版时间	配套情况
54	市政管道工程施工	978-7-301-26629-8	雷彩虹	46.00	2016.5	PPT/二维码
55	市政道路工程施工	978-7-301-26632-8	张雪丽	49.00	2016.5	PPT/二维码
56	市政工程材料检测	978-7-301-29572-2	李继伟等	44.00	2018.9	PPT/二维码
57	中外建筑史(第三版)	978-7-301-28689-0	袁新华等	42.00	2017.9	PPT/二维码
58	房地产投资分析	978-7-301-27529-0	刘永胜	47.00	2016.9	PPT/二维码
59	城乡规划原理与设计(原城市规划原理与设计)	978-7-301-27771-3	谭婧婧等	43.00	2017.1	PPT/素材/二维码
60	BIM应用：Revit建筑案例教程	978-7-301-29693-6	林标锋等	58.00	2018.9	APP/PPT/二维码/试题/教案
61	居住区规划设计(第二版)	978-7-301-30133-3	张 燕	59.00	2019.5	PPT/二维码
62	建筑水电安装工程计量与计价(第二版)（修订版）	978-7-301-26329-7	陈连姝	62.00	2019.7	PPT/二维码
"十二五"职业教育国家规划教材							
1	★建筑装饰施工技术(第二版)	978-7-301-24482-1	王 军	37.00	2014.7	PPT
2	★建筑工程应用文写作(第二版)	978-7-301-24480-7	赵 立等	50.00	2014.8	PPT
3	★建筑工程经济(第二版)	978-7-301-24492-0	胡六星等	41.00	2014.9	PPT/答案
4	★工程造价概论	978-7-301-24696-2	周艳冬	31.00	2015.1	PPT/答案
5	★建设工程监理(第二版)	978-7-301-24490-6	斯 庆	35.00	2015.1	PPT/答案
6	★建筑节能工程与施工	978-7-301-24274-2	吴明军等	35.00	2015.5	PPT
7	★土木工程实用力学(第二版)	978-7-301-24681-8	马景善	47.00	2015.7	PPT
8	★建筑工程计量与计价(第三版)	978-7-301-25344-1	肖明和等	65.00	2017.1	APP/二维码
9	★建筑工程计量与计价实训(第三版)	978-7-301-25345-8	肖明和等	29.00	2015.7	
基础课程							
1	建设法规及相关知识	978-7-301-22748-0	唐茂华等	34.00	2013.9	PPT
2	建筑工程法规实务(第二版)	978-7-301-26188-0	杨陈慧等	49.50	2017.6	PPT
3	建筑法规	978-7301-19371-6	董 伟等	39.00	2011.9	PPT
4	建设工程法规	978-7-301-20912-7	王先恕	32.00	2012.7	PPT
5	AutoCAD建筑绘图教程(第二版)	978-7-301-24540-8	唐英敏等	44.00	2014.7	PPT
6	建筑CAD项目教程(2010版)	978-7-301-20979-0	郭 慧	38.00	2012.9	素材
7	建筑工程专业英语(第二版)	978-7-301-26597-0	吴承霞	24.00	2016.2	PPT
8	建筑工程专业英语	978-7-301-20003-2	韩 薇等	24.00	2012.2	PPT
9	建筑识图与构造(第二版)	978-7-301-23774-8	郑贵超	40.00	2014.2	PPT/答案
10	房屋建筑构造	978-7-301-19883-4	李少红	26.00	2012.1	PPT
11	建筑识图	978-7-301-21893-8	邓志勇等	35.00	2013.1	PPT
12	建筑识图与房屋构造	978-7-301-22860-9	负 禄等	54.00	2013.9	PPT/答案
13	建筑构造与设计	978-7-301-23506-5	陈玉萍	38.00	2014.1	PPT/答案
14	房屋建筑构造	978-7-301-23588-1	李元玲等	45.00	2014.1	PPT
15	房屋建筑构造习题集	978-7-301-26005-0	李元玲	26.00	2015.8	PPT/答案
16	建筑构造与施工图识读	978-7-301-24470-8	南学平	52.00	2014.8	PPT
17	建筑工程识图实训教程	978-7-301-26057-9	孙 伟	32.00	2015.12	PPT
18	◎建筑工程制图(第二版)(附习题册)	978-7-301-21120-5	肖明和	48.00	2012.8	PPT
19	建筑制图与识图(第二版)	978-7-301-24386-2	曹雪梅	38.00	2015.8	PPT
20	建筑制图与识图习题册	978-7-301-18652-7	曹雪梅等	30.00	2011.4	
21	建筑制图与识图(第二版)	978-7-301-25834-7	李元玲	32.00	2016.9	PPT
22	建筑制图与识图习题集	978-7-301-20425-2	李元玲	24.00	2012.3	PPT
23	新编建筑工程制图	978-7-301-21140-3	方筱松	30.00	2012.8	PPT
24	新编建筑工程制图习题集	978-7-301-16834-9	方筱松	22.00	2012.8	
建筑施工类							
1	建筑工程测量	978-7-301-16727-4	赵景利	30.00	2010.2	PPT/答案
2	建筑工程测量实训(第二版)	978-7-301-24833-1	杨凤华	34.00	2015.3	答案
3	建筑工程测量	978-7-301-19992-3	潘益民	38.00	2012.2	PPT
4	建筑工程测量	978-7-301-28757-6	赵 昕	50.00	2018.1	PPT/二维码
5	建筑工程测量	978-7-301-22485-4	景 铎等	34.00	2013.6	PPT
6	建筑施工技术	978-7-301-16726-7	叶 雯等	44.00	2010.8	PPT/素材
7	建筑施工技术	978-7-301-19997-8	苏小梅	38.00	2012.1	PPT
8	基础工程施工	978-7-301-20917-2	董 伟等	35.00	2012.7	PPT
9	建筑施工技术实训(第二版)	978-7-301-24368-8	周晓龙	30.00	2014.7	
10	PKPM软件的应用(第二版)	978-7-301-22625-4	王 娜等	34.00	2013.6	
11	◎建筑结构(第二版)(上册)	978-7-301-21106-9	徐锡权	41.00	2013.4	PPT/答案

序号	书　　名	书　　号	编著者	定价	出版时间	配套情况
12	◎建筑结构(第二版)(下册)	978-7-301-22584-4	徐锡权	42.00	2013.6	PPT/答案
13	建筑结构学习指导与技能训练(上册)	978-7-301-25929-0	徐锡权	28.00	2015.8	PPT
14	建筑结构学习指导与技能训练(下册)	978-7-301-25933-7	徐锡权	28.00	2015.8	PPT
15	建筑结构(第二版)	978-7-301-25832-3	唐春平等	48.00	2018.6	PPT
16	建筑结构基础	978-7-301-21125-0	王中发	36.00	2012.8	PPT
17	建筑结构原理及应用	978-7-301-18732-6	史美东	45.00	2012.8	PPT
18	建筑结构与识图	978-7-301-26935-0	相秉志	37.00	2016.2	
19	建筑力学与结构	978-7-301-20988-2	陈水广	32.00	2012.8	PPT
20	建筑力学与结构	978-7-301-23348-1	杨丽君等	44.00	2014.1	PPT
21	建筑结构与施工图	978-7-301-22188-4	朱希文等	35.00	2013.3	PPT
22	建筑材料(第二版)	978-7-301-24633-7	林祖宏	35.00	2014.8	PPT
23	建筑材料与检测(第二版)	978-7-301-26550-5	王　辉	40.00	2016.1	PPT
24	建筑材料与检测试验指导(第二版)	978-7-301-28471-1	王　辉	23.00	2017.7	PPT
25	建筑材料选择与应用	978-7-301-21948-5	申淑荣等	39.00	2013.3	PPT
26	建筑材料检测实训	978-7-301-22317-8	申淑荣等	24.00	2013.4	
27	建筑材料	978-7-301-24208-7	任晓菲	40.00	2014.7	PPT/答案
28	建筑材料检测试验指导	978-7-301-24782-2	陈东佐等	20.00	2014.9	PPT
29	◎地基与基础(第二版)	978-7-301-23304-7	肖明和等	42.00	2013.11	PPT/答案
30	地基与基础实训	978-7-301-23174-6	肖明和等	25.00	2013.10	PPT
31	土力学与地基基础	978-7-301-23675-8	叶火炎等	35.00	2014.1	PPT
32	土力学与基础工程	978-7-301-23590-4	宁培淋等	32.00	2014.1	PPT
33	土力学与地基基础	978-7-301-25525-4	陈东佐	45.00	2015.2	PPT/答案
34	建筑施工组织与进度控制	978-7-301-21223-3	张廷瑞	36.00	2012.9	PPT
35	建筑施工组织项目式教程	978-7-301-19901-5	杨红玉	44.00	2012.1	PPT/答案
36	钢筋混凝土工程施工与组织	978-7-301-19587-1	高　雁	32.00	2012.5	PPT
37	建筑施工工艺	978-7-301-24687-0	李源清等	49.50	2015.1	PPT/答案
工　程　管　理　类							
1	建筑工程经济	978-7-301-24346-6	刘晓丽等	38.00	2014.7	PPT/答案
2	建筑工程项目管理(第二版)	978-7-301-26944-2	范红岩等	42.00	2016.3	PPT
3	建设工程项目管理(第二版)	978-7-301-28235-9	冯松山等	45.00	2017.6	PPT
4	建筑施工组织与管理(第二版)	978-7-301-22149-5	翟丽旻等	43.00	2013.4	PPT/答案
5	建设工程合同管理	978-7-301-22612-4	刘庭江	46.00	2013.6	PPT/答案
6	建筑工程招投标与合同管理	978-7-301-16802-8	程超胜	30.00	2012.9	PPT
7	工程招投标与合同管理实务	978-7-301-19035-7	杨甲奇等	48.00	2011.8	ppt
8	工程招投标与合同管理实务	978-7-301-19290-0	郑文新等	43.00	2011.8	ppt
9	建设工程招投标与合同管理实务	978-7-301-20404-7	杨云会等	42.00	2012.4	PPT/答案/习题
10	工程招投标与合同管理	978-7-301-17455-5	文新平	37.00	2012.9	PPT
11	建筑工程安全管理(第2版)	978-7-301-25480-6	宋　健等	42.00	2015.8	PPT/答案
12	施工项目质量与安全管理	978-7-301-21275-2	钟汉华	45.00	2012.10	PPT/答案
13	工程造价控制(第2版)	978-7-301-24594-1	斯　庆	32.00	2014.8	PPT/答案
14	工程造价管理(第二版)	978-7-301-27050-9	徐锡权等	44.00	2016.5	PPT
15	建筑工程造价管理	978-7-301-20360-6	柴　琦等	27.00	2012.3	PPT
16	工程造价管理(第2版)	978-7-301-28269-4	曾　浩等	38.00	2017.5	PPT/答案
17	工程造价案例分析	978-7-301-22985-9	甄　凤	30.00	2013.8	PPT
18	建设工程造价控制与管理	978-7-301-24273-5	胡芳珍等	38.00	2014.6	PPT/答案
19	◎建筑工程造价	978-7-301-21892-1	孙咏梅	40.00	2013.2	PPT
20	建筑工程计量与计价	978-7-301-26570-3	杨建林	46.00	2016.1	PPT
21	建筑工程计量与计价综合实训	978-7-301-23568-3	龚小兰	28.00	2014.1	
22	建筑工程估价	978-7-301-22802-9	张　英	43.00	2013.8	PPT
23	安装工程计量与计价综合实训	978-7-301-23294-1	成春燕	49.00	2013.10	素材
24	建筑安装工程计量与计价	978-7-301-26004-3	景巧玲等	56.00	2016.1	PPT
25	建筑安装工程计量与计价实训(第二版)	978-7-301-25683-1	景巧玲等	36.00	2015.7	
26	建筑与装饰装修工程工程量清单(第二版)	978-7-301-25753-1	翟丽旻等	36.00	2015.5	PPT
27	建筑工程清单编制	978-7-301-19387-7	叶晓容	24.00	2011.8	PPT
28	建设项目评估(第二版)	978-7-301-28708-8	高志云等	38.00	2017.9	PPT
29	钢筋工程清单编制	978-7-301-20114-5	贾莲英	36.00	2012.2	PPT
30	建筑装饰工程预算(第二版)	978-7-301-25801-9	范菊雨	44.00	2015.7	PPT
31	建筑装饰工程计量与计价	978-7-301-20055-1	李茂英	42.00	2012.2	PPT

序号	书　名	书　号	编著者	定价	出版时间	配套情况
32	建筑工程安全技术与管理实务	978-7-301-21187-8	沈万岳	48.00	2012.9	PPT
		建筑设计类				
1	建筑装饰CAD项目教程	978-7-301-20950-9	郭　慧	35.00	2013.1	PPT/素材
2	建筑设计基础	978-7-301-25961-0	周圆圆	42.00	2015.7	
3	室内设计基础	978-7-301-15613-1	李书青	32.00	2009.8	PPT
4	建筑装饰材料(第二版)	978-7-301-22356-7	焦　涛等	34.00	2013.5	PPT
5	设计构成	978-7-301-15504-2	戴碧锋	30.00	2009.8	PPT
6	设计色彩	978-7-301-21211-0	龙黎黎	46.00	2012.9	PPT
7	设计素描	978-7-301-22391-8	司马金桃	29.00	2013.4	PPT
8	建筑素描表现与创意	978-7-301-15541-7	于修国	25.00	2009.8	
9	3ds Max 效果图制作	978-7-301-22870-8	刘　晗等	45.00	2013.7	PPT
10	Photoshop 效果图后期制作	978-7-301-16073-2	脱忠伟等	52.00	2011.1	素材
11	3ds Max & V-Ray 建筑设计表现案例教程	978-7-301-25093-8	郑恩峰	40.00	2014.12	PPT
12	建筑表现技法	978-7-301-19216-0	张　峰	32.00	2011.8	PPT
13	装饰施工读图与识图	978-7-301-19991-6	杨丽君	33.00	2012.5	PPT
14	构成设计	978-7-301-24130-1	耿雪莉	49.00	2014.6	PPT
15	装饰材料与施工(第2版)	978-7-301-25049-5	宋志春	41.00	2015.6	PPT
		规划园林类				
1	居住区景观设计	978-7-301-20587-7	张群成	47.00	2012.5	PPT
2	园林植物识别与应用	978-7-301-17485-2	潘　利等	34.00	2012.9	PPT
3	园林工程施工组织管理	978-7-301-22364-2	潘　利等	35.00	2013.4	PPT
4	园林景观计算机辅助设计	978-7-301-24500-2	于化强等	48.00	2014.8	PPT
5	建筑·园林·装饰设计初步	978-7-301-24575-0	王金贵	38.00	2014.10	PPT
		房地产类				
1	房地产开发与经营(第2版)	978-7-301-23084-8	张建中等	33.00	2013.9	PPT/答案
2	房地产估价(第2版)	978-7-301-22945-3	张　勇等	35.00	2013.9	PPT/答案
3	房地产估价理论与实务	978-7-301-19327-3	褚菁晶	35.00	2011.8	PPT/答案
4	物业管理理论与实务	978-7-301-19354-9	裴艳慧	52.00	2011.9	PPT
5	房地产营销与策划	978-7-301-18731-9	应佐萍	42.00	2012.8	PPT
6	房地产投资分析与实务	978-7-301-24832-4	高志云	35.00	2014.9	PPT
7	物业管理实务	978-7-301-27163-6	胡大见	44.00	2016.6	
		市政与路桥				
1	市政工程施工图案例图集	978-7-301-24824-9	陈亿琳	43.00	2015.3	PDF
2	市政工程计价	978-7-301-22117-4	彭以舟等	39.00	2013.3	
3	市政桥梁工程	978-7-301-16688-8	刘　江等	42.00	2010.8	PPT/素材
4	市政工程材料	978-7-301-22452-6	郑晓国	37.00	2013.5	
5	路基路面工程	978-7-301-19299-3	偶昌宝等	34.00	2011.8	PPT/素材
6	道路工程技术	978-7-301-19363-1	刘　雨等	33.00	2011.12	PPT
7	城市道路设计与施工	978-7-301-21947-8	吴颖峰	39.00	2013.1	PPT
8	建筑给排水工程技术	978-7-301-25224-6	刘　芳等	46.00	2014.12	PPT
9	建筑给水排水工程	978-7-301-20047-6	叶巧云	38.00	2012.2	PPT
10	数字测图技术	978-7-301-22656-8	赵　红	36.00	2013.6	PPT
11	数字测图技术实训指导	978-7-301-22679-7	赵　红	27.00	2013.6	PPT
12	道路工程测量(含技能训练手册)	978-7-301-21967-6	田树涛等	45.00	2013.2	PPT
13	道路工程识图与AutoCAD	978-7-301-26210-8	王容玲等	35.00	2016.1	
		交通运输类				
1	桥梁施工与维护	978-7-301-23834-9	梁　斌	50.00	2014.2	
2	铁路轨道施工与维护	978-7-301-23524-9	梁　斌	36.00	2014.1	PPT
3	铁路轨道构造	978-7-301-23153-1	梁　斌	32.00	2013.10	PPT
4	城市公共交通运营管理	978-7-301-24108-0	张洪满	40.00	2014.5	PPT
5	城市轨道交通车站行车工作	978-7-301-24210-0	操　杰	31.00	2014.7	PPT
6	公路运输计划与调度实训教程	978-7-301-24503-3	高福军	31.00	2014.7	PPT/答案
		建筑设备类				
1	建筑设备识图与施工工艺(第2版)	978-7-301-25254-3	周业梅	44.00	2015.12	PPT
2	水泵与水泵站技术	978-7-301-22510-3	刘振华	40.00	2013.5	PPT
3	智能建筑环境设备自动化	978-7-301-21090-1	余志强	40.00	2012.8	PPT
4	流体力学及泵与风机	978-7-301-25279-6	王　宁等	35.00	2015.1	PPT/答案

注：🌈为"互联网+"创新规划教材；★为"十二五"职业教育国家规划教材；◎为国家级、省级精品课程配套教材，省重点教材。如需相关教学资源如电子课件、习题答案、样书等可联系我们获取。联系方式：010-62756290、010-62750667，pup_6@163.com，欢迎来电咨询。